大百科全书·普及版

CHUANYUETAIKONG DAINIYIQIZHUIXINGZHURI

穿越太空

带你一起追星逐日　【天文学卷】

中国大百科全书出版社

图书在版编目（CIP）数据

穿越太空：带你一起追星逐日 / 《中国大百科全书：普及版》
编委会编.—北京：中国大百科全书出版社，2015.1
　　（中国大百科全书：普及版）
　　ISBN 978-7-5000-9374-9

　　I.①穿… II.①中… III.①天文学–普及读物 IV.①P1-49

　　中国版本图书馆CIP数据核字（2014）第145360号

总 策 划：刘晓东　　陈义望
策划编辑：裴菲菲
责任编辑：裴菲菲　　徐世新
装帧设计：童行侃
出版发行：中国大百科全书出版社
地　　址：北京阜成门北大街17号　　邮编：100037
网　　址：http：//www.ecph.com.cn　　Tel：010-88390718
图文制作：北京华艺创世印刷设计有限公司
印　　刷：天津泰宇印务有限公司
字　　数：120千字
印　　张：8
开　　本：720×1020　　1/16
版　　次：2015年1月第1版
印　　次：2018年12月第3次印刷
书　　号：ISBN 978-7-5000-9374-9
定　　价：28.00元

前言

　　《中国大百科全书》是国家重点文化工程，是代表国家最高科学文化水平的权威工具书。全书的编纂工作一直得到党中央国务院的高度重视和支持，先后有三万多名各学科各领域最具代表性的科学家、专家学者参与其中。1993年按学科分卷出版完成了第一版，结束了中国没有百科全书的历史；2009年按条目汉语拼音顺序出版第二版，是中国第一部在编排方式上符合国际惯例的大型现代综合性百科全书。

　　《中国大百科全书》承担着弘扬中华文化、普及科学文化知识的重任。在人们的固有观念里，百科全书是一种用于查检知识和事实资料的工具书，但作为汲取知识的途径，百科全书的阅读功能却被大多数人所忽略。为了充分发挥《中国大百科全书》的功能，尤其是普及科学文化知识的功能，中国大百科全书出版社以系列丛书的方式推出了面向大众的《中国大百科全书》普及版。

　　《中国大百科全书》普及版为实现大众化和普及化的目标，在学科内容上，选取与大众学习、工作、生活密切相关的学科或知识领域，如文学、历史、艺术、科技等；在条目的选取上，侧重于学科或知识领域的基础性、实用性条目；在编纂方法上，为增加可读性，以章节形式整编条目内容，对过专、过深的内容进行删减、改编；在装帧形式上，在保持百科全书基本风格的基础上，封面和版式设计更加注重大众的阅读习惯。因此，普及版在充分体现知识性、准确性、权威性的前提下，增加了可读性，使其兼具工具书查检功能和大众读物的阅读功能，读者可以尽享阅读带来的愉悦。

百科全书被誉为"没有围墙的大学"，是覆盖人类社会各学科或知识领域的知识海洋。有人曾说过："多则价谦，万物皆然，唯独知识例外。知识越丰富，则价值就越昂贵。"而知识重在积累，古语有云："不积跬步，无以至千里；不积小流，无以成江海。"希望通过《中国大百科全书》普及版的出版，让百科全书走进千家万户，切实实现普及科学文化知识，提高民族素质的社会功能。

2013 年 6 月

目 录

第一章 漫步在云端——星空巡礼

[一、疑似银河落九天——流星雨]

1. 流星雨

　　沿同一轨道绕太阳运行的大群流星体称为流星群。流星群与地球相遇时，人们会看到天空某一区域在几小时、几天甚至更长时间内流星数目显著增加，大大超过通常的偶现流星数，有时甚至像下雨一样，这种现象称为流星雨。在发生流星雨时，流星的出现率通常是每小时十几条到几十条，但在发生流星暴雨时，可高达每小时几千条乃至几万条。

　　每当流星群与地球相遇时，地球上看到某个天区的流星明显增多的现象。太阳系中有许多沿不同轨道环绕太阳运行的密集的流星体，它们是彗星挥发和遗撒的碎

1998 年狮子座流星雨

1833年狮子座流星暴雨（图画）

流星

小物体。流星雨起源于彗星，而流星的前身是弥散于行星际空间的微小固态天体。每逢遇到轨道上的流星群最密集区，观测到的"最大值"激增，称为流星暴雨。与流星的随机偶现不同，流星雨出现有定时和固定的辐射点，遂以辐射点所在星座命名。最著名的如狮子座流星雨，每年11月18日前后出现，每隔33年有一次流星雨盛期。1799、1833和1966年曾出现流星暴雨。

其中1966年的最盛期曾记录到的最大值达50万个。狮子座流星雨是周期彗星P/坦普尔-图特尔的遗撒物。

流星雨不仅在夜间存在，在白昼也同样存在。利用雷达已观测到不少白昼的流星雨，从而发现了与之有关的流星群。中国古代有丰富的流星雨记录。

2. 火流星

流星是来自行星际空间的微小固态天体以高速进入地球大气并在夜空呈现的发光余迹现象，大小从0.01毫米到10米不等，而形成目视可见的流星现象的流星体典型大小为几毫米。进入大气的运行速度为每秒几十千米，在地球表面之上90～100千米处蒸发并辐射发光。火流星是指凡亮度超过金星乃至白昼可见的流星。行星际空间中叫作流星体的尘粒和固体块闯入地球大气圈同大气摩擦燃烧产生的光迹，特别明亮的，叫作火流星，有的甚至白昼可见。火流星经过时，偶尔可听到声响，未烧尽的流星体降落到地面，就是陨石。

[二、侧目看月相——上弦月与下弦月]

月球圆缺（盈亏）的各种形状。月球本身不发光，只是反射太阳光。

上弦月

月球绕地球运转，地球绕太阳运转，月球、地球和太阳三者的相对位置不断变化，因此，地球上的观测者所见到的月球被照亮部分也在不断变化，从而产生不同的月相。月相与月球、太阳之间的黄经差有对应关系，当黄经差为0°、90°、180° 和270° 时，月相依次称为新月（朔）、上弦、满月（望）和下弦。月相更替的平均周期等于 29.53059 日，即朔望月的平均长度。月相可从月龄大体上推算出来。中国夏历（农历）日期基本符合月相变化。每月初一必定是朔；至于望，则可能发生在十五、十六、十七这三天中的任意一天，以十五、十六居多。

[三、天外的不速之客——陨星]

从行星际空间穿过地球大气并陨落到地球表面上的宇宙固态物体。进入大气前的运行速度为 15 ～ 20 千米／秒，当距地球表面 100 千米时摩擦起火燃烧，陨星外壳融化并气化，形成气、尘和离子尾。

美国亚利桑那州巴林杰陨星坑

陨星质量持续减少的过程称为"烧蚀"。此时陨星往往裂碎成几块，甚至上千块。当落至 20 千米时速度锐减到 3 千米/秒，白炽化停止，烧蚀终熄。烧蚀最终以每秒几百米的自由落体速度陨落地面，熄止后往往还伴有轰响之声。

传统上研究陨星按成分分类为石质陨星、铁质陨星（或陨铁）和石铁陨星三种类型。现代则更趋于划分为层化陨星和非层化陨星两类。层化是指熔融岩体按不同成分的分层，如地球即是层化行星，由金属铁核、岩石地幔和岩石地壳三部分组成。层化陨星类型繁多，如橄榄陨铁、中陨铁、无球粒顽辉陨铁、斜长岩陨铁等。球粒陨星是非层化的，其中大多数的成分为硅、铁镍合金或硫化铁等，按主要成分还可细分为 CI、CM、CO、CV、CK、CR、CH 等次型。根据分光资料，有可能探究陨星与小行星之间的演化联系，如无球粒顽辉陨铁对应于 M 型小行星，CI 和 CM 球粒陨星对应于 C 型小行星。

按照不同的纪年方法，陨星的年龄可分为晶化年龄、辐照年龄和陨落年龄。晶化年龄是根据一对同位素放射性衰变测定的年龄，可追溯到太阳系形成之初。辐照年龄是指从开始经历宇宙线辐照起计的时间长度。陨落年龄则指到达地面并终止宇宙线辐照的岁月。

［四、各种袭来的小天体——小行星］

沿近圆或椭圆轨道环绕太阳运行，没有彗星活动特征，大小从几厘米到

1000 千米的固态小天体。它们的绝大多数均分布在火星和木星的轨道中间的小行星主带中，与位于外太阳系的半人马族型小天体和海外天体、近地天体（NEO）、特洛伊族小行星以及彗星均属太阳系小天体。

发现　自从经验地描述大行星与太阳距离的提丢斯-波得定则于 18 世纪 70 年代提出以后，火星和木星的公转轨道之间是否存在未知天体问题开始为天文学家所关切。1801 年意大利天文学家 G. 皮亚齐在用望远镜目视巡天时观测到一颗在天球上移动的天体，经过轨道计算表明，它是位于火星和木星轨道之间的行星，但亮度仅 7 ～ 8 视星等，后又推算出直径不足 1000 千米，和当时已知的任意一颗行星都相差太大，遂称为"小行星"。1802 年德国天文学家 H.W.M. 奥伯斯发现第二个，1804 年德国天文学家 K.L. 哈丁观测到第三个，1807 年奥伯斯又发现了第四个，它们也都是使用望远镜沿黄道带目视巡天所得。天文学家从而认识到，正如波得定则所预示，火星和木星轨道之间的空区，确实还有环绕太阳运行的天体。19 世纪下半叶，由于天文观测中引进照相方法，到 1900 年已发现的小行星增至 450 个，到 1950 年总数达 1600 个。1994 年以来，组建了国际间的小行星搜索网，采用效率更高的探测组件，使用计算机控制和管理望远镜并主持观测、搜索、

太阳系中的小行星

发现、计算轨道和验证等全部巡天程序，推动了小行星观测事业的发展。到 2008 年初，已发现的小行星总数为 74 万个，有永久编号的 12 万个。

命名　在发现 4 个小行星后，西方天文学家按照大行星以古代神话中的神灵为名的传统，也将小行星冠以罗马神话中的女性小精灵之名。它们是谷神星（小行星 1 号）、智神星（小行星 2 号）、婚神星（小行星 3 号）和灶神星（小行星 4 号）。这一命名传统一直延续到 19 世纪 80 年代，随着新发现的小行星总数近 300 个，神话人物所剩日减而不敷选用。经国际天文界协商，新的命名由有命名权的发现者（天文学家或天文台站）自行取名。如张衡（1862 号）、郭守敬（2012 号）、牛顿（8000 号）、哈勃（2069 号）、莫扎特（1034 号）、中国科学院（7800 号）、北京大学（7072 号）、小行星命名辞典（19119 号）、联合国（6000 号）、北京（2045 号）、美国国家航空航天局（11365 号）、CCD 组件（15000 号）等。1995 年国际天文学联合会 (IAU) 下属的小行星中心颁布了新修订的命名管理法则。新的发现或疑似发现后，由小行星中心给予暂定编号。在新发现的小行星获得至少 4 次回归观测资料，并测定精确轨道之后，再给予永久编号，如 20146 号小行星。与此同时，发现人或发现单位获得专名命名权。

结构和大小　小行星主带中绕日运行的小行星总数不下百万个，但其质量的总和仅为地球质量的 0.04%。按组成的化学丰度分为 S、C、M、D、F、P、V、G、E、B 和 A 共 11 类。富岩石 S 型、富碳质 C 型和富金属 M 型三类占了小行星的绝大多数，其中更以 C 型居多。S 型的反照率平均为 0.15，C 型的平均为 0.05。小行星主带中最大的一个是谷神星，直径 934 千米，大小在 200 ～ 500 千米的 24 个，150 ～ 200 千米的 45 个，其余的都更小。以几十米、几米、几厘米计的小天体不计其数。小行星主带所在天区是太阳系中的力学不稳定区域，那里可能从来没有形成过大行星，所以小行星并非一个大行星裂碎的遗迹。由于个体的质量小，诞生以来从未发生过结构性的质变过程，因而保存了太阳系形成的早期物态，能提供太阳系起源和演化的有重大价值的信息。

轨道特征　主带小行星的轨道半长径 a 为 2.17 ～ 3.64 天文单位（AU），平

均值是 2.8AU。轨道偏心率 e 的平均值是 0.15，比行星的大，比彗星的小。公转轨道面与黄道面的倾角 i 平均为 9.4°，也比大多数行星的大，比彗星的小。

近地小行星　公转轨道的一部分延伸到内太阳系，近日点距离不大于 1.3AU 的小行星称为近地小行星。它们的轨道变异或是源于太阳系演化早期碰撞事件，或是由于受行星主要是木星摄动作用所致。按轨道特征可划分阿登群、阿莫尔群和阿波罗群三类。阿登群的轨道半长径 a 小于 1AU，远日点距离大于 1AU；阿莫尔群的近日点距离小于 1AU，远日点距离小于 3AU；阿波罗群的 a 不小于 1AU，近日点距离不大于 1AU。

小行星卫星和双小行星　20 世纪 90 年代以来，行星际探测器已发现了约 20 个有卫星的小行星和双小行星，将拥有卫星的天体从行星一级延伸到小行星一级。已取得大小、轨道半径、绕转周期等基本参数的如小行星 243 号"艾达"、45 号"香女星"、90 号"休神星"、532 号"大力神星"、762 号"普尔柯瓦"等。

空间探测　"近地小行星会合"是第一个专为探测小行星而建造的行星际飞行器，简称"NEAR"，载有多色成像、近红外摄谱、雷达测距等相关的仪器设备。1996 年发射，1997 年飞掠小行星 253 号"玛西德"，被确认为 C 型小行星，测定大小为 66 千米 ×48 千米 ×46 千米，自转周期 17.4 个地球日。2000 年飞临小行星 433 号"爱神星"，测出这个 S 型近地小行星的大小是 35 千米 ×13 千米 ×13 千米，自转周期 5.27 小时。2001 年再度飞临"爱神星"，实现运作终止前的软着陆。

根据 2006 年颁布的《行星定义》，谷神星已被分类为矮行星。此外，智神星、灶神星和健神星（小行星 10 号）也被列入矮行星候选体。

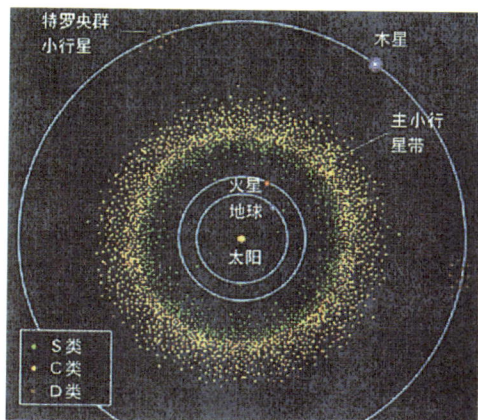

小行星带

[五、"量天尺"——造父变星]

一类高光度周期性脉动变星。典型星为仙王座δ，中文名造父一，故得名。

光变周期 1～50 天（但也有超过的，如银河系经典造父变星武仙座 BP 的周期为 83.1 天，HR4511 即半人马座 V810 则长达 125 天，小麦哲伦云中的经典造父变星的周期有长达 200 天的）。可见光波段的光变幅为 0.1～2 个星等。光谱由极大时的 F 型变到极小时的 G～K 型。粗略地说，它们的光变曲线正好是变星大气视向速度曲线的镜像反映，即极小光度对应着极大视向速度。造父变星的光度和光变周期之间存在着密切的关系，称为周光关系。这种关系可用来建立天体的距离尺度。为此，必须根据已知光度的造父变星来校正这个关系。但即使最亮的造父变星也离地球太遥远，不能用三角视差等方法来测准距离。半个多世纪以来，人类为确定周光关系做了大量工作，但通常叫作"周光关系零点"的问题仍未完满解决。

1952 年，W.巴德确认造父变星并不是一个物理性质完全一致的星群，而是可分为星族 I 造父变星（或称经典造父变星）和星族 II 造父变星（或称室女座 W 型变星）两种类型。它们有各自的周光关系和零点。

利用造父变星的周光关系来测定距离是天文工作中的一个非常重要的课题。只要在星团或星系中发现有造父变星，就可定出星团或星系的距离，因此造父变星又有"量天尺"的美誉。

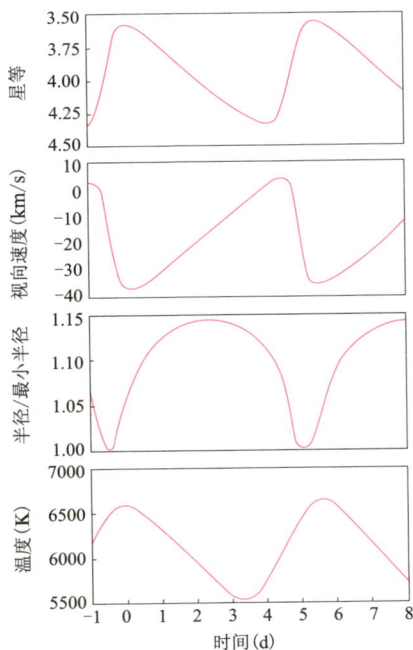

经典造父变星的星等、视向速度、半径和温度的变化曲线

《中国大百科全书》普及版●

穿越太空——带你一起追星逐日

chuanyuetaikong dainiyiqizhuixingzhuri

[六、爆发变星——类新星]

类似新星的爆发变星。爆发的次数比较频繁，数年爆发一次。光变幅比新星和再发新星小，周期性不强。最突出的特点是光谱特殊。

一部分类新星变星是爆发后的老新星，它们不时地爆发，抛射物质，形成气壳。例如，天鹅座 P 是 1600 年爆发的新星，近四百年来，星周形成两三层气壳，是处在短暂的、极不稳定的演化阶段的超巨星。人马座 BS 是 1917 年爆发的新星，爆发后激变活动不止，光谱特殊。另一部分类新星变星具有共生光谱，也称为共生星，既有冷星的吸收特征，又有热星的连续发射，还有气壳的高激发发射线。已知的类新星变星虽然只有几十个，但彼此差异很大。尽管类新星具有类似新星的激变这种共性，但它们的本原可能大不相同。20 世纪 70 年代以来，有人划分出五个类新星次群：①仙女座 Z 型星：由沉陷在激发态星云中的晚型巨星和热蓝星组成的双星系统。光谱特征是低温吸收线和高温发射线同时并存。前者如 Ca I、Ca II，后者如 He II，O III 以及元素的更高次电离谱线。这种星具有半周期性的爆发，变幅可达 3 个星等。绝对星等为 $-3 \sim -4$。集聚在银道面附近，没有向银心聚集的趋势，可能属老年盘星族。已经发现 20 多对。②剑鱼座 S 型星：光变极不规则的高光度星。光谱型为 Bpeq $\sim$ Fpeq，是银河系中最亮的星中的一部分。已经发现约 10 颗。③仙后座 γ 型星：光变不规则的气壳星。光谱型为 BeIII $\sim$ BeV。通常是快速自转星，光变往往与赤道带的气壳抛射过程有关。已经发现 40 多颗。④鲸鱼座 ZZ 型星：短周期光变的白矮星，可能是老新星，

白矮星和茧

有以分钟计的快速变光，通常有几个光变周期叠加在光变曲线上。仅发现数颗。

⑤武仙座 AM 型星：强磁性白矮星和红矮星组成的密近双星系统，有气盘和强 X 射线辐射。光谱特征是 H、He 发射线叠加在蓝连续区上。已发现约 10 对。此外，不同学者对类新星还有不同的定义和划分方法。

［七、嫦娥奔月——月球］

地球唯一的天然卫星。也是离地球最近的天体。又称"月亮"，古称"太阴"。

基本天文参数和运动特征 半径 1740 千米，约为地球的 27%。体积为地球的 1/49。表面积相当于地球的 1/14，略小于亚洲面积。质量为地球的 1/81。平均密度 3.34 克 / 厘米^3，相当于地球的 3/5。赤道表面重力加速度 1.62 米 / 秒^2，只及地球的 1/6。表面逃逸速度 2.4 千米 / 秒，约为地球的 21%。地月之间平均距离为 384400 千米，约为地球直径的 30 倍，与地球构成太阳系中独特的地月系。从地球上看月球，视圆面直径的平均值为 31′，和太阳的视圆面大小相当。

月球正面

为既能形成日全食，也能实现日环食提供了必要的条件。虽然月球的反照率只有 0.12，比地球的 0.37 小了许多，只因离地球近，使之成为地球夜空中最亮的天体。满月时的视亮度为 -12.7 星等，比金星最亮时还亮 2000 倍。月球轨道偏心率 e 为 0.055，比地球轨道偏心率 0.017 大许多，从而形成地月之间距离的变化幅度是：

近日距 356400 千米，远日距 406700 千米，二者之比约为 88/100。月球在近日点附近时出现的日食可以是日全食，而在远地点附近时则多为日环食。

海洋

月球轨道和地球轨道的倾角平均为 5.15°，这就是被称为"白道"的月球在天球上的运行轨迹与太阳在天球上的运行轨迹"黄道"的交角。月球赤道和它公转轨道的倾角为 6.67°。月球以逆时针方向绕距离地球中心 4671 千米处的地月系重心的运转周期平均为 27.32166 日，称为"恒星月"。在月球绕行的同时，地球也以逆时针方向绕日运行了一段行程，因此以太阳为基准的运行周期平均为 29.53059 日，称为"朔望月"。以黄道和白道的交角为基准的运行周期是 27.21222 日，称为"交点月"。以近地点为基准的运行周期是 27.55455 日，称为"近点月"。而以春分点为基准的运行周期是 27.32158 日，则称为"分点月"。月球的轨道运行速度平均是 10.1 千米 / 秒，只及地球轨道速度的 1/3。月球以逆时针方向自转。自转周期是 27.32166 日，长度与公转周期相同，形成了月球总是以同一个半球朝向地球的天象。月球自转和公转的同步周期现象在太阳系天然卫星中是唯一的。月球赤道和地球轨道的倾角很小，只有 1.52°，所以月球上几乎没有季节现象。由于自转速度和轨道速度的不均匀性，以及月球赤道和公转轨道倾角的存在等因素，致使地球上的观测者能看出月面边缘的前后摆动，因而能看到的月球表面达 59%。这一天象称为"天平动"。

月球没有大气，也没有液态水。月面上白天温度可达 120℃，夜间则降至 -180℃。月球没有可探测的磁场。

天文学史上的月球研究　月球是除太阳外与地球和人类关系最为密切的天

体。地球上的潮汐现象是太阳和月球以及太阳系其他天体的引力作用结果。月球的质量虽然只及太阳质量的 1/27000000，但月地距离却只有日地距离的 1/400，所以月球的起潮力是太阳的 2.2 倍。可以说，正是由于有了月球才有潮起潮落的周而复始和大潮小潮的互相交替；正是有了月球的存在，才会有日食和月食天象。

在地球上，月球是唯一用肉眼能够观察到盈亏和月相逐日变化的天体。月相变化的顺序是朔月、蛾眉月、上弦月、盈月、满月、亏月、下弦月和残月。自古以来，月相变化的周期称为朔望月，为一种基本计时单位，中国称之为"月"。凡只以月相周期安排的历法称为"太阴历"。中国传统历法是兼顾月相周期和太阳周年运动的阴阳历，所以朔望月始终是古历的基础。远古遗存的"古四分历"中的朔望月周期长度和今日通用值相比，误差为 +0.00026 日。179～184 年东汉刘洪的"乾象历"中的误差是 -0.00005 日。到 463 年南北朝祖冲之的"大明历"已采用了与今日通用值精度相同的朔望月日长。早在西汉《淮南子》中刊载的恒星月的长度和今日通用值的差值仅为 +0.00019 日。祖冲之推算出的交点月周期已与今日通用

高空拍摄青海湖

《中国大百科全书》普及版

穿越太空——带你一起追星逐日

chuanyuetaikong dainiyiqizhuixingzhuri

值相当接近。刘洪测定的近点月与现代值仅差 +0.00021 日。

望远镜发明后，天文学家开始绘制和拍摄月面图，按地形地貌的结构和特征分别冠以"环形山"、"湖"、"海"、"山"、"山脉"、"洋"、"沼"、"岬"、"溪"、"峭壁"、"湾"、"谷"等。随着天体物理学的兴起，最终证明月球表面没有任何液态的水，湖、海、洋、沼、溪、湾等与水有关的名称其实全都名不副实。

从 18 世纪末到 20 世纪初，经过几代天文学家的努力，如 P.-S.拉普拉斯、C.-E.德洛内、P.A.汉森、J.C.亚当斯、S.纽康、G.W.希尔、F.F.蒂色朗、H.庞加莱、E.W.布朗等，运用日益完善的天体力学方法，建立了成熟的月球运动理论，能够精确地描述月球的运动细节。

中国首次月球探测工程第一幅月面图像

月球的空间探测　月球是人类首先实现就近考察和就地勘测的天体，也是人类第一个登临的天体。人造地球卫星于 1957 年上天两年之后，苏联空间探测器"月球"3 号在 1959 年飞掠月球，并发送回月球背面的照片，展示了人类从未得见的月球背面图像。1966 年"月球"9 号第一次实现月面软着陆。1967 年美国"月球轨道环行者"4 号实施了环极区飞行和照相观察。随后，美国"勘测者"1 号、5 号和 6 号于 1966 ～ 1968 年期间先后成功地软着陆。苏联"月球车"1 号和 2 号分别在 1970 年和 1973 年在月面漫游 10 ～ 40 千米。此外，"月球"16 号、20 号和 24 号于 1970 ～ 1976 年内，采集并送回月岩样本。美国 20 世纪 60 年代开始实施"阿波罗"探月计划。1969 ～ 1972 年"阿波罗"11 号、12 号、14 号、15 号、16 号和 17 号共 6 批，计 12 人次实现人登月。宇航员们就地考察和勘测，采集总计达 400 千克的月球样本，安放月震仪等自动记录和发送科考数据的仪器，为月球的探测树立了新的里程碑，使人类对月球的地质、地理、物理、化学、内部结

《中国大百科全书》普及版◎

穿越太空——带你一起追星逐日

chuanyuetaikong dainiyiqizhuixingzhui

登月舱飞离月球

构等知识，达到与地球的类似的水平和深度。根据月岩样本的分析和放射性元素纪年，确认月球几乎和地球同时诞生于45.5亿年前。过了2亿年层化出月壳、月幔和很小的月核。随后的5亿年间，历经了内太阳系中残存的微星天体的强烈轰击和碰撞，形成了直径几百千米、深几十千米的环形山形的陨击坑以及其他诸如"山"、"山脉"、"岬"、"谷"等月面结构。与此同时，月球背面则更多地保留了40亿年前的高地地貌。在此阶段月球内部缓慢地累积放射性衰变产生的热量。距今30亿～40亿年前，熔融的月幔物质溢出月壳，形成月面平原，即月"海"。月球背面缺少月"海"的现象，可能是由于背面的月壳厚度比正面的厚约1倍的结果。月岩的组成虽和地球的近似，但富钙且易挥发元素少，几乎没有氢和钾。最近30亿年内月球内部活动稀少，外在的陨击也减少。寂静的表面堆积的微陨星尘层厚达5～10米。

20世纪70年代之后，太阳系的空间探测转向其他目标，直到1994年美国"克莱芒蒂娜"这个主要用于军事目的的探测器发现月球极区有水蕴藏的迹象，从而又引发了新的月球探测。1998年美国"月球勘测者"实施环月极区运行，为最终查明极区藏水提供依据。2003年9月欧洲空间局发射了"智能"1号月球探测器，经过3年的飞行，于2006年9月3日因燃料耗尽，以几乎与月面平行的方向撞击地球，完成了它的探月使命。2013年12月2日，中国在西昌卫星发射中心成功将"嫦娥"3号月球探测器发射升空。

[八、气体尘埃云——星云]

太阳系以外天空中一切非恒星云雾状的天体。

一些较近的星系，外观像星云，18 世纪以来也称为星云。1924 年底解决了宇宙岛之争以后，才把二者分开。位于银河系内的称为银河星云，银河系以外的星云称为河外星系或星系。按形状、大小和物理性质，银河星云可分为：广袤稀薄而无定形的弥漫星云，亮环中央具有高温核心星的行星状星云，以及尚在不断地向四周扩散的超新星剩余物质云。就发旋光性质，银河星云又可分为：被中心或附近的高温照明星（早于 B1 型的）激发发光的发射星云，因反射和散射低温照明星（晚于 B1 型）的辐射而发光的反射星云，以及部分地或全部地挡住背景恒星的暗星云。前两种统称为亮星云。反射星云同暗星云的区别，仅仅是在于照明星、星云和观测者三者相对位置的不同。

鹰状星云

光度和光谱　用肉眼只能看到一个猎户座大星云，说明一般星云都是十分暗弱的。在《梅西耶星表》（M 星表）

柱状星云

《中国大百科全书》普及版◎
穿越太空——带你一起追星逐日
chuanyuetaikong dainiyiqizhuixingzhui

的 103 个有一定视面积的天体中，只有 11 个是真正的星云。就是在 1888～1910 年陆续刊布的《星团星云新总表》（NGC 星表）及其补编（IC）中的 13226 个有一定视面积的天体中，也只有一小部分是真正的星云。只是在大口径望远镜，尤其是大视场强光力的施密特望远镜出现后，才开始对星云进行有效的观测研究。气体星云光谱中除氢、氦等复合线外，还有很强的氧、氮等的禁线，如 [O III] λλ 4959、5007，[N II] λλ 6548、6583 和 [O II] λλ 3726、3729 等，几乎在所有气体星云的光谱中都可看到。气体星云的光谱中同时存在一个较弱的连续背景，它一部分来自星云内尘埃物质对星光的散射，其强度随星云中尘埃含量而增减；另一部分来自电子的自由－自由跃迁和自由－束缚跃迁。此外，若干星云中还出现被照明星辐射加热到 100℃左右的尘埃粒子所发射的红外连续光谱。

星云的演变 一般认为，行星状星云是由激发它的中心星抛射出来的，将会逐渐消失；新星和超新星爆发所抛出的云也在很快地膨胀而逐渐消失。它们都是恒星演化过程中的产物，也是恒星逐渐变为星际物质的过程。在照明星晚于 B1 型的一些弥漫星云中，一个暗星云可能是和运动着的恒星偶然相遇而被照亮，恒星离开之后重又变暗。已观测到这些星云与它们的照明星的视向速度是不相同的，因而二者之间没有演化上的联系。还有一些发射星云内部包含若干早于 B1 型的热星，它们常常组合成聚星、银河星团或星协（如 O 星协）。这些星云和年轻恒星一起分布在银河系旋臂中。因此，一般认为这些星云中

环状星云

的热星群可能是不久前才从这些星云中诞生的。

成分　银河星云中的物质都是由气体和尘埃微粒组成的。不同星云中的气体和尘埃的含量略有不同。发射星云中的尘埃少些，一般小于1%；暗星云中则多一些。星云中物质密度常常十分稀薄，一般为每立方厘米几十到几千个原子（或离子）。星云的体积一般比太阳系大许多倍，虽然密度很小，总质量却常常很大。星云物质的主要成分是氢，其次是氦，此外还含有一定比例的碳、氧、氟等非金属元素和镁、钾、钠、钙、铁等金属元素。近年来还发现有 OH、CO 和 CH$_4$ 等有机分子。星云中各种元素的含量与宇宙丰度是一致的。在其他星系中也有很多气体星云。

［九、无月晴夜——夜天光］

太阳落入地平下18°以后的无月晴夜，在远离城市灯光的地方，夜空所呈现的暗弱弥漫光辉，又称夜天辐射；在测光工作中，则称为天空背景或夜天背景。

它的主要来源是：①气辉：高层大气中光化学过程产生的辉光（约40%）。②黄道光：行星际物质散射的太阳光（约15%）。③弥漫银河光：银道面附近星际物质反射或散射的星光（约5%）。④恒星光（约25%）：河外星系和星系间介质的光（<1%）。⑤地球大气散射上述光源的光（约15%）。每平方角秒夜天背景的亮度约相当于目视星等 21.6 等，蓝星等约 22.6 等。在地球大气外，夜天背景的亮度比地面观测的亮度大约暗一个星等。夜天光的光谱由连续光谱和发射线组成。连续光谱是分子和尘埃粒子等散射星光产生的，其峰值在波长为 10 微米处。发射线则是高层大气中的原子和分子的辐射产生的，其中氧原子发射的绿线（波长 5570 埃）和红线（波长 6300 埃、6363 埃、6392 埃）最明显，中性钠的 D 线（波长 5890 ~ 5896 埃）也很强；在红外波段，有很强的羟基分子发射

带和氮分子、氧分子的发射带。夜天光限制了观测的极限星等。作光谱观测时，要注意区分天体谱线和大气谱线；作红外观测时，则要考虑大气红外辐射的影响。

[十、引力相吸的恒星体——星团]

由各成员星之间的引力束缚在一起的恒星群体。许多较亮的星团用肉眼或小望远镜看起来是一个模糊的亮点。

1784 年法国天文学家 C.梅西耶在研究彗星时，把 103 个位置固定的模糊天体编成星表，以免与彗星混淆。1888 年丹麦天文学家 J.德雷耶尔编了包括有 7840 个有星云、星团等延伸天体的星表《星云星团新总表》（简称 NGC 星表），后来又发表了包括 5386 个天体的 NGC 星表的补编（简称 IC 星表）。这几个星表中都载有大量的星团。因此，一般就用这些星表的编号作为星团的名称。如《梅西耶星表》67 号天体（M67）即 NGC2682，是一个银河星团；M22 即 NGC6656，是一个球状星团。一些亮星团还有自己的专门名称，如昴星团、毕星团等。星团可分为球状星团和疏散星团两种。

球状星团　球状星团由于它们的形状是球对称的或接近于球对称的而得名，直径数十至 300 光年，含有数万至数百万颗恒星。恒星平均密度要比太阳附近的恒星大 50 倍左右，而中心则要大约 1000 倍。球状星团内恒星如此密集，又离我们十分遥远，通常只有边缘的一部分星在长时间曝光的照相底片或 CCD 照片上得以分辨，而要把球状星团中大部分成员星分解成单颗的恒星，必须使用具有高分辨率的哈勃空间望远镜或配自适应光学系统的地面大望远镜。银河系内已发现约 150 个球状星

球状星团

《中国大百科全书》普及版○

穿越太空——带你一起追星逐日

chuanyuetaikong dainiyiqizhuixingzhuri

团，它们大部分分布在银晕中，年龄很老，金属含量很低，各自沿高偏心椭圆轨道绕银心运动。离银盘较近的球状星团年龄较轻，金属含量较高。还可能有许多球状星团隐藏在银盘中，只是由于那里有大量吸光物质而未被发现。

　　估计银河系约有 500 个球状星团，分布在一个中心与银心重合巨大的球形空间内，其数密度随银心距的增加以 -3.5 次方的幂率下降。在球状星团中有许多变星，其中大部分是天琴座 RR 型变星，其余大部分是星族 II 造父变星，这两类天体都可用来测定距离。

　　1975 年底以来，在一些球状星团中发现有 X 射线源、毫秒脉冲星等，这提示球状星团中可能存在密近双星、中子星或黑洞。很多大星系周围都发现了球状星团，如已知仙女星系的球状星团就在 350 个以上。巨椭圆星系的球状星团更为丰富，如 M87 甚至包含数千个。某些相互作用星系，特别是新近并合的星系往往有较年轻的富金属球状星团。

　　疏散星团　疏散星团形态不规则，在大至 50 光年的范围年含有数十至数千颗恒星。成员星彼此的角距离较大，一般都能用望远镜分解开，因而得名。疏散星团有半数位于银道面附近宽度为 7° 的狭带上，因此又名银河星团。银河系中已发现的疏散星团约 1200 个，著名的如昴星团、毕星团和 M67。疏散星团成员星的自行大致相同。如果星团离地球较远，看到的这些星的运动轨迹是大致平行的。但对于较近的疏散星团，由于投影的原因，它们的成员星的运动轨迹看起来并不平行，而是从一点辐射出来，或是会聚于一点，这两种点分别称为辐射点或会聚点。这种离地球比较近的、能得出辐射点或会聚点的疏散星团又称为移动星团，其距离可通过成员星自行的测量得到。

　　球状星团是很老的天体，一般年龄约为一百亿年，可用来作为宇宙年龄的下限。但疏散星团的年龄却差别很大，一些年轻星团的年龄只有几百万年，而 M67 的年龄为几十亿年，故可用来描绘银河系自盘形成以后的历史和演化。

[十一、号角星组——旋涡星系]

具有旋涡结构的盘状星系。星系的哈勃分类中用 S 代表。旋涡星系的旋涡形状，最早是 W. P. 罗斯于 1845 年观测猎犬座星系 M51 时发现的。旋涡星系的中心通常有大质量黑洞，稍外是由星族 II 老星组成的椭球状核球，周围围绕着由星族 I 恒星、疏散星团、气体和尘埃组成的扁平圆盘，同核球恒星相比，盘星旋转

旋涡星系

速度较大而弥散速度较小。盘的面亮度从内向外呈指数律降低，$I(R) = I(0) \exp(-R/h_R)$，式中 h_R 为面亮度降到 1/e 时的半径，称为标长，取值在 1 至 10 千秒差距之间。从隆起的核球两端延伸出两条或更多点缀着明亮年轻恒星的螺线状旋臂，叠加在星系盘上。球形的星系晕延伸到盘以外，其中主要是星族 II 天体，典型代表是球状星团。一个中等质量的旋涡星系往往有 100 ～ 300 个球状星团。再往外还有由暗物质组成、主导着星系质量的暗晕。它的存在是大量星系的旋转曲线在远离中心仍像观测到的那样保持平坦的必要前提。旋涡星系的质量 M 为太阳质量的 100 亿至 1 万亿倍，光度对应的绝对星等是 -15 ～ -21 等。质光比（以太阳质量和太阳光度为单位）$M/L \approx 2 \sim 20$。直径范围是 5 ～ 50 千秒差距。1977 年发现，旋涡星系的光度约与峰值旋转速度（由中性氢 21 厘米谱线宽度测定）的 4 次方成正比，按其发现者的名字称为塔利－费希尔关系，是估计星系相对距离的重要方法之一。

《中国大百科全书》普及版◎

穿越太空——带你一起追星逐日

chuanyuetaikong dainiyiqizhuixingzhuri

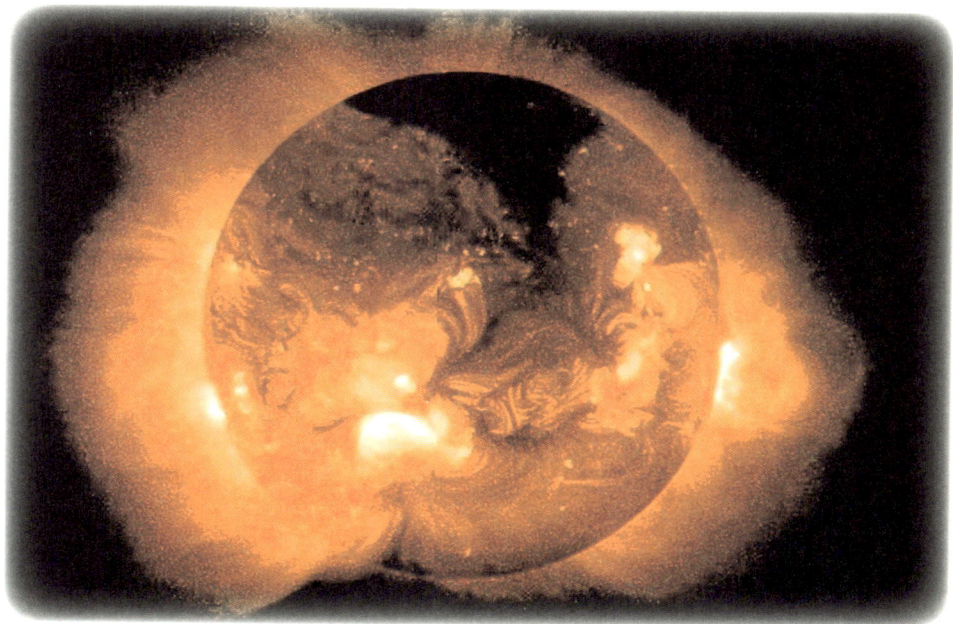

第二章 仰望天外河——自然天象

[一、"偷天换日"——日食]

在地球上看到太阳被月球遮蔽的现象。

发生原因 太阳发光，月球（俗称月亮）不发光。月球是依靠反射太阳光而呈银白色的。月球绕地球公转，而地球又带着绕它公转。

太阳的直径约为 1400000 千米，大致是月亮直径 3500 千米的 400 倍。但月球离地球的平均距离仅约 380000 千米，又大致是日地平均距离约 150000000 千米的 1/400。因此太阳的视角径（日轮）与月球视角径（月轮）几乎是一样大小，都是约 32′。由于月球公转轨道和地球公转轨道都是椭圆（地球和太阳分别位于月轨椭圆和地轨椭圆的焦点上），日地距离和月地距离会略有变化，使得月轮有时会略大于日轮，有时会略小于日轮。另外，农历是根据月相变化制定的历法。月相是月球被太阳照亮部分的形状，如镰刀形和半圆形等，取决于日地月三者的相对位置。月相变化的周期是 29.353 天，称为朔望月（比月亮的公转周期 27.3 天略长），也就是农历一个月的平均长度。当月球运动到日地之间，即从地球上看月球和太阳在同一方向时（三者不一定在一直线上），地球上看到的是月球未被太阳照亮的半球，也就是看不见的黑月亮，称为新月，也称为朔，对应于农历初一。

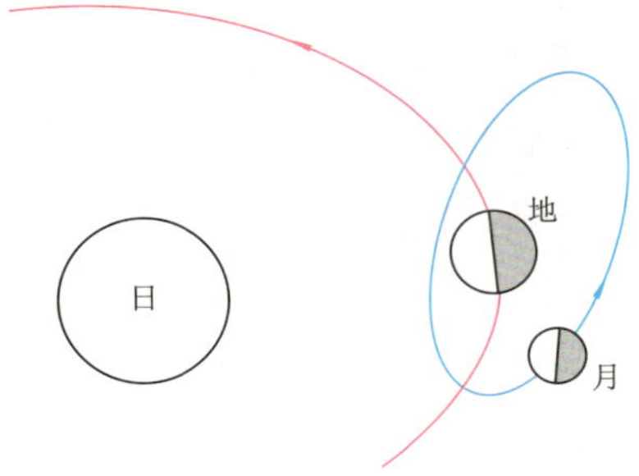

地球和月球的运动

当月球运动到太阳的相反方向，即地球处在日月之间时（三者也不一定在一直线上），看到的是月球被太阳照亮的半球，就是满月，也称为望，对应于农历十五或十六。如果地球绕太阳的轨道和月球绕地球的轨道在同一平面上，则每逢农历初一月球走到日地之间时三者处在同一直线上，就会发生地球上看到月球遮挡太阳的日食现象。但实际上地轨和月轨并非在同一平面上，而是相互倾斜成5°9′的交角。因此一般情况下，在朔日，日月地三者并不在一直线上，不会发生月球遮挡太阳的日食现象。只有当月球在自己的轨道上运行到地球轨道平面附近时，才会出现日月地三者正好或近于在一直线上，发生月轮遮蔽日轮的日食现象。这就是为什么日食总是发生在农历初一，但并非每逢农历初一都有日食的道理。

种类和过程　日食可分为日偏食、日全食和日环食三种。发生三种不同类型的日食，与月球的影子结构和日食时地球在月影中的位置有关。图中月球的影子有三种区域：由月球直接伸展出去的锥形暗区是月亮的本影区；由本影延长线构成的锥形暗区称为伪本影区；本影和伪本影周围的斜线区就是半影区。若某次日食时，仅是月球的半影区落在地面上，该地区只能看到日轮的一部分缺失，就是日偏食。若某次日食时月亮的本影落到地面上（相当于月地距离

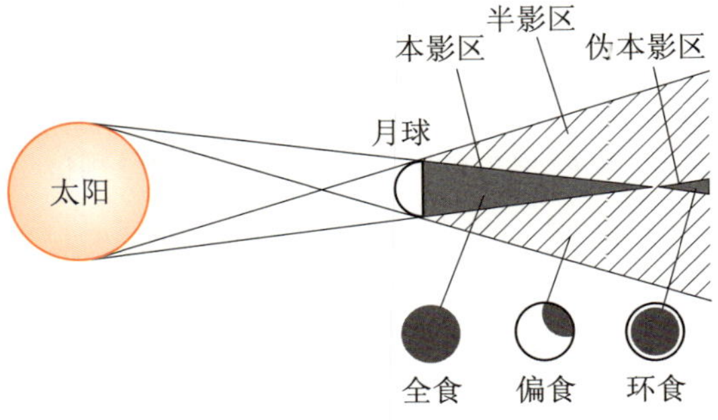

日食的类型

较近和月轮略大于日轮的情况），则处在本影区将看到整个日轮被遮，就是发生了日全食。若某次日食时只有月亮的伪本影到达地球（相当于月地距离较远和月轮略小于日轮的情况），则处在伪本影区将会看到只有日轮的中央部分暗黑，这就是日环食。日全食和日环食合称为中心食。

随着月亮的公转运动和地球自转，月亮的影子将会在地面上扫过一大片区域。其中本影或伪本影扫出的地带非常狭窄，宽度只有几十至几百千米，长度则可达几千至上万千米，它们分别称为全食带或环食带。处在全食带或环食带地区就将会先后看到日全食或日环食。而在全食带或环食带两边地区显然就是月球半影扫过的地区，这些地区就只能看到日偏食。月球自西向东运动，地面上的月影也是自西向东移动，因此总是西部地区比东部先看到日食。月球自西向东运动的另一结果就是，日轮总是从西边缘开始被月轮遮蔽，然后向东扩大，在东边缘结束日食。

日食的全过程及各阶段。若为日全食，则可分为 5 个阶段。其中食既至生光为日全食时间，一般为 2～3 分钟，最长 7 分多钟，最短只有几秒钟。日环食也

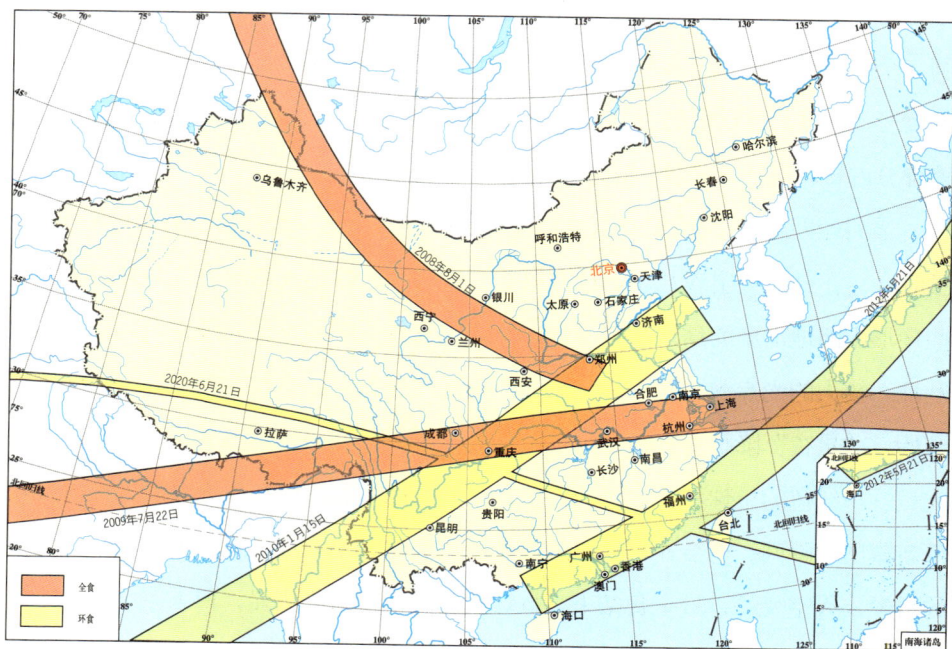

中国日食地图（2001～2020）

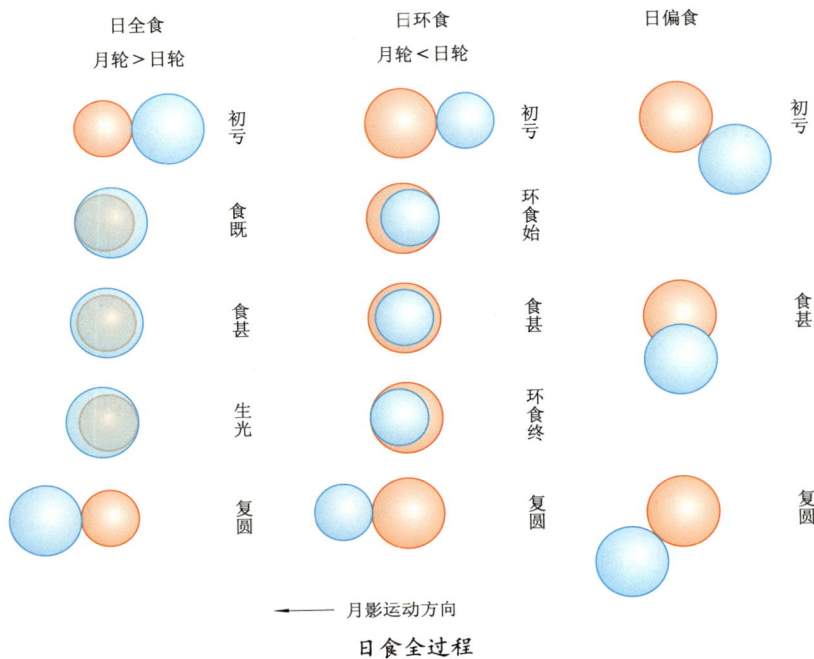

日全食
月轮＞日轮

初亏

食既

食甚

生光

复圆

日环食
月轮＜日轮

初亏

环食始

食甚

环食终

复圆

日偏食

初亏

食甚

复圆

→ 月影运动方向

日食全过程

分为 5 个阶段，其中环食始至环食终为日环食时间。日偏食只有初亏、食甚和复圆 3 个阶段。对于日全食和日环食，月轮直径与日轮直径之比称为食分。日全食的食分大于 1，日环食的食分小于 1。对于日偏食，食分则指食甚时日轮直径被遮部分占日轮直径的分数，它总是小于 1。

当月轮即将完全遮挡日轮，亦即食既之前的瞬间，日轮的东边缘仅剩一丝亮弧时，会在亮弧上出现几颗如珍珠般闪亮的光点，这是太阳光通过月球边缘的一些环形山凹地涌出的结果。英国天文学家贝利首先解释了这一现象，因而也称贝利珠。较大的光点光芒四射，更像钻石镶嵌在亮弧上，常称为钻石环。随即食既开始，"星夜"降临，天空中闪现出星星，而黑色的月轮周围显现出太阳的高层大气——红色的色球和银白色的日冕，十分绚丽多彩。而在生光之后，亦即日轮重新露出的瞬间，还会在日轮西边缘看到贝利珠和钻石环，随即消失并露出较多的日轮，天空变亮，日全食结束。日环食时天空变暗不明显，但天空中高悬着一圈金色的圆环也是很奇特的罕见天象。

频繁度和观测意义　天文学家的计算表明，平均每个世纪可出现 67.2 次日全食、82.2 次日环食和 82.5 次日偏食。由于日全食带和环食带非常狭窄，每次日食只占据地球表面积的极少部分，有时还位于海洋、人口稀少或难以到达的地区，因此看到日全食和日环食的机会很少。对于某一具体地区来说，平均每 300 多年才能看到一次日全食或日环食。与此相反，日食时月亮半影扫过的地区面积（就是偏食带）很大，日全食和日环食时，全食带和环食带两边的地区也在月亮半影中可看到日偏食。因此看到日偏食的机会相当多，对于一个地区而言，平均每 3 年可看到一次日偏食。

日食现象不仅有观赏价值，还具有科研价值，主要是提供了研究太阳高层大气的有利时机。太阳的大气可分为 3 层：平时看到的日轮是太阳的最低层大气，称为光球，厚度仅几百千米，太阳的可见光辐射几乎全部是由光球发射出来的。光球上方是厚度为几千千米的色球层，亮度只有光球的万分之一。色球的外面还有一层延伸至几个太阳半径之外的最外层大气，称为日冕，亮度只有光球的百万分之一。非日全食时，暗弱的色球和日冕完全被明亮的天空背景所淹没，但日全食时，由于明亮的光球被月亮遮蔽，全食带地区上空的大气失去强光照射（处在月亮的本影当中），天空变成暗黑，使色球和日冕得以显现，为研究它们提供了"天赐良机"。

日全食也是研究因太阳发射的光辐射和带电粒子流（太阳风）突然被月球遮挡，而对地球的电离层、电磁场、臭氧层、低层大气，以及其他地球环境（如引力场、重力场、固体潮和宇宙线变化等）产生影响的好时机。同时，还可在日全食时进行 A. 爱因斯坦预言的光线弯曲试验。中国的科研人员也曾多次对日全食进行观测研究。几次规模较大的综合性观测包括 1968 年 9 月 22 日在新疆、1980 年 2 月 16 日在云南、1977 年 3 月 9 日在黑龙江漠河地区发生的日全食。中国也曾组织过小型观测队，于 1983 年到巴布亚新几内亚、1988 年到菲律宾、1991 年到墨西哥和夏威夷进行日全食观测。

21 世纪的前 20 年，中国境内可看到两次日全食和 3 次日环食。2008 年 8 月

1 日的日全食，在新疆、甘肃、内蒙古、宁夏、陕西、山西和河南等部分地区可以看到。2009 年 7 月 22 日的全食带则经过西藏、云南、四川、重庆、湖北、湖南、江西、安徽、江苏、浙江和上海等省（市、区），日全食时间长达 5 ～ 6 分钟，是一次非常难得的机会。2010 年 1 月 15 日，在云南、四川、重庆、贵州、湖北、湖南、河南、安徽、山东和江苏等部分地区可看到日环食，环食时间长达 4 分钟。2012 年 5 月 21 日的环食带则经过广西、广东、江西、福建、浙江、台湾、香港和澳门等部分地区，环食时间也是 4 分钟。到 2020 年 6 月 21 日，又可在西藏、四川、重庆、贵州、湖南、江西、福建和台湾的部分地区看到日环食。

[二、"天狗吞月"——月食]

地球上看到月球进入地球的影子后月面变暗的现象。发生月食的原因与日食类似，但也有所不同。对地球而言，当月球运行到与太阳相反的方向，即地球处在日月之间时（三者无须在一直线上），看到的是月球被太阳照亮的半球，就是满月，也称为望，它对应于农历十五，有时十六。

如果地球绕太阳的轨道与月球绕地球的轨道是在同一平面上，则每逢农历十五或十六，日地月三者将处在一直线上，使月球处在地球的影子里面而显得暗淡无光，就是月食。但实际上地轨和月轨并非在同一平面上，而是相互倾斜呈 5°9′的交角。因此一般情况下，在望日并不会发生月球进入地球影子的月食。只有当月球运行到月轨和地轨平面的交界线附近又逢望日时，日地月三者才会正好或近于一条直线，使射向月球的太阳光被地球

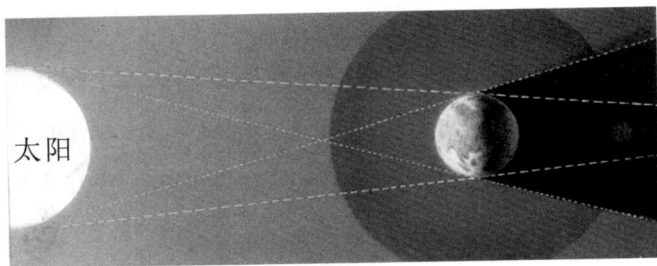

月食

《中国大百科全书》普及版●

穿越太空——带你一起追星逐日

chuanyuetaikong dainiyiqizhuixingzhui

遮挡，出现月食现象。这就是月食总是发生在望日（农历十五或十六），但并非每逢望日都有月食的原因。

　　月食也有几种不同类型。当月球的一部分进入地球本影时，进入地影的月面部分将变暗，就是月偏食；当月亮整个进入地球

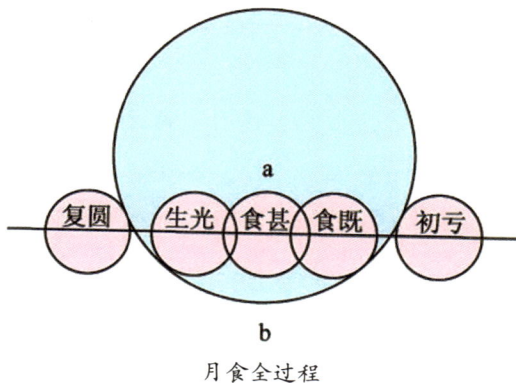

月食全过程

本影时，整个月轮将显得暗淡，就是月全食。若月亮仅仅是进入地球的半影，天文学上称为半影月食，这时月球的亮度减弱很少，肉眼是觉察不到的，一般不称为月食。实际上即使是处在地球本影中的月偏食和月全食，被食的部分月轮或整个月轮也并非完全暗黑，而是呈暗弱的古铜色，这是地球大气对太阳光散射和折射造成的。地球大气分子把太阳光中波长较短的蓝光和紫光散射到其他方向，而剩下波长较长的红光和黄光折射到月亮上，使其成为古铜色。

　　月球在地影中由西向东运动，因此与日食相反，月食总是从月轮的东边缘开始，在西边缘结束。月全食的整个过程包含五个阶段。

　　月食的食分定义为：食甚时月轮进入地球本影的最大深度（即图中食甚时月轮上边缘最高点 a 与地影下边缘最低点 b 的距离）与月轮直径之比。月偏食的食分小于 1，月全食的食分等于或大于 1。月食与日食的另一不同点是地球上不同地区的居民是在同一时间看到月食的。只要能看到月球的地方，看到的月食过程是一样的。

　　天文学家的计算表明，发生月食的机会比日食少，但每次月食时，地球上夜间半球的居民都可看到，因此对任一地区来说，看到月食的机会反而比日食多。

　　由于地球影子的长度超过月地距离，地球影子的直径也远大于月球的大小，不会出现月球进入地球伪本影的情况，因此没有月环食。

[三、遮日奇观——凌日]

"凌"是中国古代固有的天文术语。太阳系的内行星的圆面投影在太阳表面的现象称为"凌",如金星凌日、水星凌日。大行星的卫星的圆面投影在母行星表面的现象也称为"凌",如木卫三凌木星、土卫二凌土星、天卫一凌天王星。

水星和金星绕日公转过程中,有时会位于地球和太阳之间,此时地球上的观测者可看到小黑点状的水星或金星在日面上自东向西缓缓移动,这一天象即是凌日。天球上水星的视圆面很小,观测水星凌日必须借助望远镜。金星的视圆面较大,不用望远镜也能观察金星凌日。

由于水星和金星的公转轨道和黄道之间的倾角分别为 7.0° 和 3.4°,所以每逢"下合",即水星或金星与太阳在天球上的黄经相同时,并不必然会发生凌日现象。只有当水星或金星的下合发生在黄道面附近,即它们和地球都处在接近轨道的交点位置才能有凌日。地球每年 11 月 10 日前后经过水星升交点,5 月 8 日前后经过水星降交点,所以水星凌日只能出现在这两个日期。同样金星凌日只能发生在 12 月 9 日附近和 6 月 7 日前后。水星凌日平均每百年发生 13 次。最近的两次分别是 2003 年 5 月 7 日和 2006 年 11 月 9 日。金星凌日则每两次为一组,两次之间相隔 8 年,而两组之间分别相隔 105 年和 122 年。

望远镜发明后 600 年内的金星凌日

年	月	日
1631	12	7
1761	6	6
1769	6	4
1874	12	9
1882	12	6/7
2004	6	8
2012	6	6
2117	12	11
2125	12	8/9
2247	6	11
2255	6	9

《中国大百科全书》普及版 · 穿越太空——带你一起追星逐日 · chuanyuetaikong dainiyiqizhuixingzhuri

根据文献记载，第一次观测到水星凌日是 1631 年的法国天文学家 P. 伽森狄。在 910 年，阿拉伯科学家法拉比首次借助滤光片发现金星凌日现象。第一位根据行星运动规律阐明并预报金星凌日的是德国天文学家 J. 开普勒。

[四、"以大欺小"——掩星]

一个天体被另一个角直径较大的天体所掩蔽的现象，称为"掩"。

"掩"是中国古代固有的表示上述天象的天文术语。月球是除太阳外，呈现在天球上的视圆面最大的天体。此外，月球时时在天球上东移，每月一周天。所以月球是最经常"掩"其他天体的一个掩体。最常见的是月掩恒星，简称掩星。还有月掩源，如月掩射电源、红外源、X 射线源。较罕见的有月掩行星、行星掩恒星。月掩太阳则称日食。

利用月掩恒星的观测资料，可测定月球黄经和黄纬的改正值以及月角差系数，可测定观测台站的地心坐标，还有助于测定太阳视差。掩星能够发现和研究被掩恒星的成双性和双星结构。月掩射电源则能揭示源的结构。月掩行星和行星掩恒星都能为研究行星结构提供有益信息。天王星拥有环系和海王星可能存在环系的线索均为行星掩恒星的天象所揭示。

[五、七彩光环——日冕]

太阳的最外层大气。

日冕位于色球上面，亮度仅为光球亮度的百万分之一，比地面上的天空亮度暗得多，因此在地面平时看不见日冕，必须用专门的仪器——日冕仪或者在日全食时才能看见。安装在海拔 2000 米以上高山（那里天空散射光很弱）的日冕

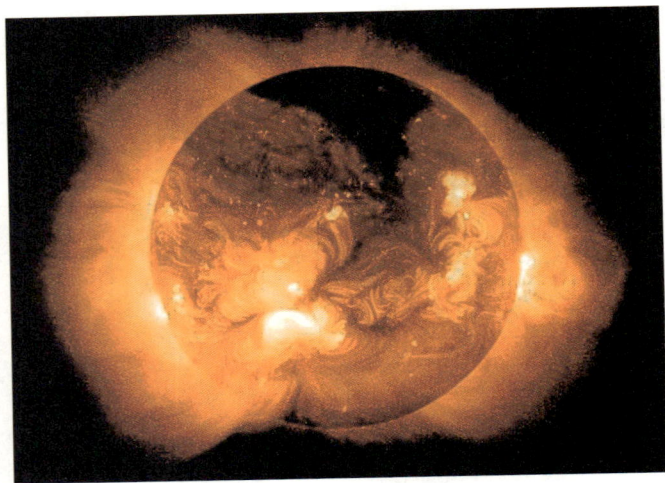

X 射线波段的日冕结构

仪也只能看到从太阳边缘至大约 0.3 太阳半径范围的日冕。日全食时看到的日冕呈银白色，也是太阳边缘以外的投影日冕。从最好的日全食照片上，能够看到它可延伸到 5～6 个太阳半径的距离，但实际上它可延伸到超过日地距离。距日心 5～6 个太阳半径以外的日冕物质是以很高的速度向外膨胀的，形成所谓的太阳风。太阳风就是动态日冕。日冕的温度高达 100 万～200 万℃，但密度却小于 10^{-14} 克／厘米^3，而且随日心距迅速下降。日冕的温度比下层大气，即色球和光球高得多，原因是有非辐射能源输入日冕，使其获得额外加热。关于非辐射能源的性质，现正在探讨之中。可在空间飞行器上用 X 射线观测整个太阳半球面上的日冕结构，能够看到活动区上空的日冕区中有许多亮环，非活动区的日冕则由更大尺度的弱亮环贯穿，还有一些几乎全暗黑的区域称冕洞。高温条件下的日冕物质处在高度电离状态，自由电子和各种高次电离原子倾向于沿磁力线延伸，因此日冕中的这些结构实际上反映了它的磁场分布。

[六、晨昏蒙影——白夜]

日出前和日落后的一段时间内天空呈现出微弱的光亮，这种现象和这段时间都叫作"晨昏蒙影"。这种现象是由大气散射引起的，与季节、当地经纬度和海拔高度以及气象条件等有关。日出前，曙光初露的时刻称为晨光始；

日落后，暮色消失的时刻称为昏影终。

晨昏蒙影分三种：①太阳中心在地平下 6° 时称为民用晨光始或民用昏影终，从民用晨光始到日出或从日没到民用昏影终的一段时间称为民用晨昏蒙影，这时天空明亮，可以进行户外作业。②太阳中心在地平下 12° 时称航海晨光始或航海昏影终，从航海晨光始到民用晨光始或从民用昏影终到航海昏影终的一段时间称为航海晨昏蒙影，此时周围景色模糊，星象陆续消失或陆续出现。③太阳中心在地平下 18° 时称为天文晨光始或天文昏影终，这时天空背景上开始显示或不再显示日光影响，即将呈现白天或黑夜的景象。按照这样的定义，可以计算三种晨光始和昏影终的时刻，它们分别刊载在天文年历和航海天文年历上。在高纬度地方，每年有一段时期整夜出现晨昏蒙影现象，称为"白夜"。纬度越高，白夜持续的时期越长。

［七、百年难遇——极光］

来自地球磁层或太阳的高能带电粒子注入极区高层大气时，撞击原子和分子而激发的绚丽多彩的发光现象。极光通常出现在高磁纬地区，在背阳侧主要在 100～150 千米的高空，在向阳侧主要在 200～450 千米高度范围内。在地磁活动时期，特别是大的地磁活动时，极光极为壮观。背阳面发生的极光与磁层亚暴密切有关，是亚暴的主要现象之一。在磁暴期间，极光可以延伸到纬度较低的地区。在北半球，人们总是从北边天空看到极光，称为北极光；而在南半球，看到的极光称为南极光。

形态 极光景色壮观，绚丽多姿。如果从地面上观察，极光可分为四种几何形状：①均匀的较稳定的光弧光带，它们沿磁纬方向分布，极盖区近似沿太阳方向，厚度几千米至几十千米，长达 1000 千米，移动速度慢，氧原子绿线强度约几万瑞利。②带有射线式结构的光帘幕、光弧、光柱和光带等，日冕状光块也属

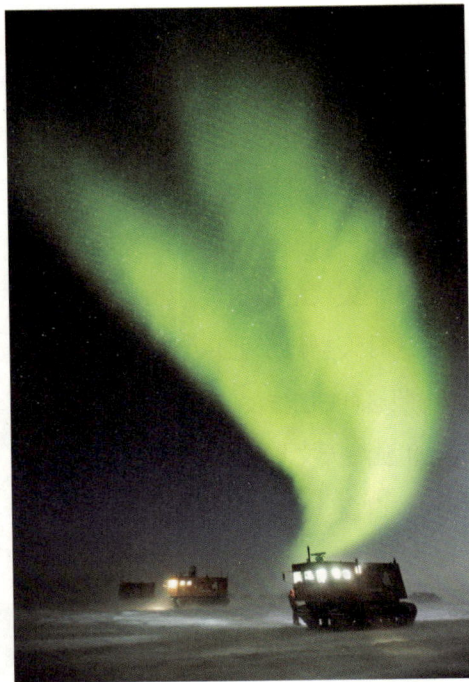

南极极光

于这类。它们沿磁力线方向分布，平均厚度约200米，并随亮度增加而变薄，长数十至数百千米，移动速度快（50千米/秒），氧绿线强度在100万瑞利以内。③弥漫状极光，主要指云形斑块群，沿磁纬方向分布，每块光斑面积在100平方千米左右，亮度最低，氧原子绿线强度几十瑞利，只有很强的弥漫状极光，才能被肉眼看见。④大的均匀发光面，常见的红色极光光面就属于这一类。如果从卫星上拍照，通常只能分辨出两种极光：结构清楚的极光和弥漫状的极光。前者主要是射线式结构的光弧、光带、光柱和帘幕，它们比较明亮；后者指云形斑块和弱的光弧、光带。

分类　极光按观测的电磁波波段分为光学极光和无线电极光。在光学极光中，主要为可见极光和X射线极光。

可见极光有三种基本类型：①红色极光（A型极光）。多弥漫状光弧光面，主要是能量小于1000电子伏的电子激发的，一般分布在200～400千米高空，个别可伸向1000千米高度。②白绿色极光（普通型极光）。多数情况下呈现白绿色或浅黄绿色。它没有固定的几何形状，但多为射线式结构，是由能量为1000～10000电子伏的电子激发的，分布高度下缘在100千米左右，上限为140～180千米。③下缘为红色的极光（B型极光）。多射线式结构，为能量大于1万～3万电子伏的电子激发的，分布高度下缘在90～110千米，但个别低至65千米。高能电子在突然受到较稠密的大气成分阻滞时可产生X射线，称X射线极光，它是电子的韧致辐射，可以穿透到很低的高度（30～40千米）。

极光按激发粒子类型分为电子极光和质子极光。电子注入地球高层大气时激发的极光称为电子极光。电子与氮分子、氧分子、氧原子等相撞时，导致后者电离，激发和离解，产生暗红色极光。高能质子注入地球高层大气时，质子被减速，

芬兰上空的北极光

变成激发态的氢原子，然后发射在紫外波段或红外波段，这种极光称为质子极光。质子极光呈微弱的弥漫状光带，肉眼不易看见，仅在 300 ～ 500 千米的高度范围内观测到。质子极光和电子极光可以同时出现。

极光按发生区域分为极光带极光、极盖极光和中纬度极光红弧。极光带极光通常指磁纬 60° ～ 70° 夜间经常看到的极光，多为普通型极光和 B 型极光。极盖极光是磁纬 75° ～ 90° 白天经常看到的极光。它的主要光谱成分是红光，可伸向1000 千米高度，蓝紫光是另一重要光谱成分。还有一种极盖极光，是太阳色球爆发后喷出的 100 万 ～ 1 亿电子伏的高能质子造成的，它均匀地覆盖在极地上空（有时延伸到磁纬 60°），伴随云形光斑块。中纬度极光红弧是磁纬 41° ～ 60° 地区在地磁活动增强期间可以看到的极光。红弧强度最大值在 400 千米附近，是一个南北长 600 千米、东西长 1000 千米以上的围绕地球的均匀弧，一般肉眼看不见，只有当红弧较强时才看得见。

一种特殊形式的极光是 θ 极光。从高轨道卫星上看，极光弧跨越极盖从白天向夜间扩展，形成闭合的极光椭圆，形状很像希腊字母 θ。这种极光仅在行星际磁场北向时才能观测到，对其成因还不是十分清楚。

通过对 100 多年观测数据的分析发现，极光是一种周期性的现象。极光出现的频率与太阳黑子数有密切的关系。在太阳黑子数最大年份，极光活动频繁，且极光在极区的扩展范围大；在太阳黑子数最小年份，极光出现稀少，空间扩展范围小。

极光区电离层可以看作太阳活动和地磁活动的屏幕，许多复杂的空间物理现象都可以从这个屏幕上显示出来。通过对极光强度、颜色和分布的观测，可以定量地确定粒子沉降、极区电离层加热等参数，这对于预报空间环境的变化是非常重要的。

[八、气辉现象——地冕]

地球高层大气中以发生辐射的氢原子和氦原子为主要成分的部分。从地球之外观测，向阳面地球外层空间仿佛戴着一顶主要由氢原子莱曼 α 射线构成的光罩，故此得名。地球大气层中的中性氢原子向地球外逃逸，漫布在等离子体层及其以上的地球空间之中，称为地球外层，又名外逸层。地冕便是地球外层的一种"可视化"表现。

地球外层大气极其稀薄，在环电流内边界附近每立方米约有 109 个氢原子。

从月球上看地球

这样低的数密度，很难进行直接探测。地球外层可视为地球大气层的延伸，其外边界称为外层顶，离地球约 20 万千米（31 个地球半径），在此高度上太阳辐射压强与地球引力达到平衡。内边界称为外层底，位于大气逃逸的临界高度，离地面大约 500 千米。在这一高度以下，大气层足够稠密，大气分子和原子的运动受碰撞控制；在外层底以上，碰撞次数减少，速度足够高的大气原子可以挣脱地球引力的束缚，逃逸到行星际空间之中。除逃逸粒子之外，外层中也存在受引力束缚的氢原子。这些原子在引力作用下或沿弹道轨道运动，或像卫星一样绕地球转动，然后逐步落入稠密大气层之中。

地冕的发射属于气辉现象。地冕中的粒子，通过共振散射和荧光散射过程，将吸收的太阳远紫外波段中氢和氦的辐射再释放出来，形成自己的发射。地冕发射不仅发生在太阳辐射直接照射到的区域，而且通过光子的多次散射，传输到地球的阴影区。氢原子共振线莱曼 α 射线是地冕发射中最强的谱线，它的发射强度随发射区的高度和太阳天顶角而变化。1972 年，美国登月宇宙飞船"阿波罗"16 号的宇航员，在月球上拍摄到的地球的远紫外辐射照片，显示了地冕莱曼 α 辐射强度的全球分布。这项观测还发现，在远离地心 15 个地球半径的地方，仍能从行星际辐射背影中区别出地冕的辐射。

[九、弥漫亮斑——对日照]

反日点（天球上黄道带内与太阳相距 180° 的一点）附近一个非常暗淡的弥漫状亮斑，它通过黄道带与黄道光的光锥相连。

对日照大致呈卵形，范围约 20°×10°，长径几乎达到月球角直径的 40 倍，亮度极大的位置在反日点稍偏西几度的地方。对日照十分暗弱，因此，直到 1856 年才由丹麦天文学家勃罗森写下第一条记载："对日照的最亮部分恰与太阳的位置相反，所以，对亮度最大位置的估计与反日点往往符合到 1° 以内。"最微弱的照明光亮都足以将对日照淹没，所以只有远离城市，在无月的晴夜，使眼睛充分适应黑暗环境后，才有希望看到对日照。最有利的观测时间是 3 月和 9 月；冬夏两季则很难观测到，因为这时它恰好与银河交叠在一起。

对日照的起因至今尚无定论。较为流行的理论有四种：①黄道光假说，将对日照看作黄道光的一部分，其亮度增大是因为在该方向上粒子的散射函数有一极大值（后向散射）。目前倾向于这种观点的人较多。②吉尔当-摩耳顿假说，认为离地球 0.01 天文单位处在反日方向上的平动点周围有一个行星际尘埃集中区，它们对太阳光的散射形成对日照。③尘尾假说，认为在太阳风和辐射压力作用下，地球产生一个尘埃云尾，它指向偏离反日点的某一方向，在这个方向上的散射强度可以充分增大，从而产生对日照。④气尾假说，认为地球有一"气尾"，对日照的形成与气尾中被激发原子和分子的发射有关。虽然诸说不一，但是从对日照光谱中没有发射线，而且与太阳光谱很相似（仅仅稍微偏红）这一点来看，似乎肯定了它只不过是反射太阳光的行星际物质而已。

［十、三角光锥——黄道光］

位于地球上低纬度和中纬度地带的人，于春季黄昏后在西方地平线上或于秋季黎明前在东方地平线上所见到的淡弱的三角形光锥。黄道光沿着黄道向上伸展，可达地平线以上 30° 左右。它的可见时间不长。春季黄昏后见到的黄道光，随着夜幕完全降临就逐渐消逝；秋季黎明前见到的黄道光，随着东方逐渐吐白就隐没于晨曦之中。

晨曦

黄道光很暗弱，必须在良好的环境条件下才能有效地观测。春季黄昏后和秋季黎明前黄道面的空间方向恰好最接近于垂直地平面，所以这时黄道光就升得较高，容易看到。在赤道附近，黄道面有时完全垂直于当地的地平面，就更有利于观测了。除了纬度低较为有利外，观测点应尽可能选择海拔高的地方，以求大气透明度好，并借以避开人为光源的干扰；为了避开可能出现的极光，最好在低磁纬的地方观测。当然，观测点也应有良好的天气条件，这就是说，应该选择在春分、秋分前后（最有利于观测黄道光的时机）有连续晴夜、大气透明而稳定的地点。

观测条件极佳时（例如在地球大气外），还可以看到黄道光往里一直延伸到太阳近旁，向外几乎布满整个天空。它沿着黄道形成一条较亮的带，叫作黄道带。黄道带的两侧边平行于黄道，它从黄道光光锥的顶部起朝背日方向延伸，亮度不断下降，直到离太阳 135° 左右的地方。此后，亮度重新上升，到反日点附近又达到极大。在反日点附近有一个大约 20°×10° 的区域显得比周围更亮，叫作对日照。

中国在元朝初期就已有黄道光的观测记载。意大利天文学家 G.D. 卡西尼于 1683 年 3 月 18 日开始观测黄道光，最先进行系统的研究。

黄道光的起因主要是行星际尘埃对太阳光的散射。因此，黄道光的光谱与太阳光谱极为相似。通常认为行星际尘埃粒子是小行星被撞碎后或是彗星瓦解后的产物。它们基本上散布在黄道平面（严格地说，应该是太阳系的拉普拉斯不变平面）及其近旁，所以黄道光也就大致沿着黄道面伸展。此外，也许有一小部分黄道光是由分布在行星际空间的电子云散射形成的。在地球轨道附近，每立方厘米电子云中电子的个数约为 $10^2 \sim 10^3$ 数量级。

人们研究行星际物质的方法主要有两种：一是发射行星际探测器到实地取样；二是从黄道光的观测特征（包括强度、偏振、光谱、颜色等）来推求行星际物质的性质（密度、分布、形状、大小等）。前一种方法比较直接，但耗资巨大，飞行次数和范围却很有限；后一种方法虽然比较间接，但既经济又方便，而且可以长期观测，因而至今仍常采用。

行星际物质大致对称地分布在太阳周围，其中有大量小到 1 微米甚至 0.1 微

米的尘埃粒子，它们的分布状况是：离太阳越远，数目越少，而且小粒子的数目比大粒子多得多。由观测黄道光得出的这些结论均与空间探测器的实测结果吻合。

　　行星际物质的上述分布状况，必然导致黄道光的主要部分具有两种对称性：①对黄道面对称；②对通过太阳的黄经圈对称。这已为大量观测完全证实。

　　黄道光的亮度朝太阳方向单调地增强，可以认为它是外日冕的延伸。也就是说，在离太阳较近的地方，黄道光融入 F 日冕（尘埃冕），而成为外冕的一部分。但是，黄道光的亮度并不固定，它有短期变化也有长期变化，其原因很复杂。例如，有人指出太阳活动会影响黄道光的亮度。与黄道光重叠在一起的夜天光的性质也很复杂多变，此外，还必须区分"真黄道光"（即在地球大气外观测到的、已经有过改正的黄道光）和"视黄道光"（即被地球大气散射改变了的黄道光）。从视黄道光推求真黄道光很困难，观测结果的不确定性大多来源于此。

第三章 天河夜转漂回星——星座物语

[一、春季星座]

1. 大熊座——北斗七星

大熊座中排列成斗形的 7 颗亮星。这 7 颗星是大熊座 α、β、γ、δ、ε、ζ 和 η。中国名称分别称天枢（北斗一）、天璇（北斗二）、天玑（北斗三）、天权（北斗四）、玉衡（北斗五）、开阳（北斗六）和摇光（北斗七）。前 4 颗星，即天枢、天璇、天玑和天权组成斗形，故名斗魁，或称魁星，又名璇玑。后 3 颗星，即玉衡、开阳、摇光三星组成斗柄（即斗杓）或称玉衡。除天权是三等星以外，其余 6 颗星都是二等星。北斗七星离北天极不远，它们常

北斗七星

被用来作为指示方向和认识北天其他星座的标志。天枢和天璇两星相距约 5°。如果把连接这两颗星的线段沿天璇至天枢方向延长约 5 倍，可找到一颗视亮度与它们不相上下的恒星，那就是小熊座 α 星，即北极星。所以天枢和天璇又称指极星。由于恒星自行的缘故，北斗七星的形状随时间发生缓慢的变化。北斗二至北斗六都是早 A 型主序星。北斗一是光谱分类为 K0 III 的红巨星。北斗七为 B3V。此外，北斗一又是轨道周期约为 44 年、偏心率约 0.4 的目视双星。北斗五是已知最亮的 A 型特殊星，亮度、光谱和磁场强度都有周期性变化。北斗六是著名的目视双星，两子星相距约 14.42 角秒，该两星的亮度分别为 2.27 等和 3.95 等，它们又各是分光双星，所以北斗六实际包含 4 颗星。离北斗六 12′ 处有一个四等星（大熊 80，中国古名称为辅）。北斗七星离地球远近不等，大致在 60 ～ 200 多光年之间。北斗七星天区有 M51、M97、M101、M106 和 M108 梅西耶天体。

2. 牧夫座

牧夫座 α，全天第四亮星，北半天球第一明星，天上最亮的红巨星。它是照相和光电方法测视向速度的标准星。英国剑桥大学天文台 1968 年出版了波长范围 3600 ～ 8825 埃的《大角星分光光度测量图册》。由分析得知，它的大气中碳同位素含量比值 $^{12}C/^{13}C$ 约为 6，比太阳系相应值 89 小很多，这反映了它的化学演化的特殊性。此外，据 1979 年发表的研究结果得知，太阳、大角和球状星团 M13 中某一红巨星之间的金属丰度对比

火箭

《中国大百科全书》普及版◎ 穿越太空——带你一起追星逐日 chuanyuetaikong dainiyiqizhuixingzhuri

约为 40：10：1，因此可以根据元素的丰度把大角星归为中介星族Ⅱ恒星。人们不仅由光谱观测了解到大角星在向外抛失物质，而且近年来用 1.5 米太阳塔作光导摄像管天体分光光度测量，发现质量损失率变化很大。通过人造卫星和火箭的红外线检测，已在大角星光谱的紫外线区、可见光区、红外线区都发现了发射线。美国用 2.7 米望远镜在 1978 年几个月间测得大角星 HeI10830 线由天鹅座 P 型轮廓逐渐变成吸收线，后来完全消失，然后又成发射线。这表明大角星色球温度达 15000～20000 开，色球活动比太阳的强得多，说明大角星也是某一种光谱变星。大角星的质量（以太阳质量为单位）仍未定准，目前有各种数值：0.1～0.6，0.7～1.7，0.61±0.32，0.6～1.3 等。

3. 室女座

黄道带的第六个星座，也是其中最大的星座。全部星座中排名第二，仅次于长蛇座。位于天球赤道上，西邻狮子座，东接天秤座，北依牧夫座，南连长蛇座。古希腊人把室女座想象为生有翅膀的农神得墨忒尔的形象。室女座有一颗明亮白色的 α 星，中文名角宿一，亮度 0.98 星等，在黄道线南方 2° 左右，是春季大三角顶点之一（另两个顶点是狮子座的 β 星五帝一与牧夫座的 α 星大角），位置正好是女神左手持的麦穗之处，自古室女被认为"贞洁"与"尊贵"的象征。她手拿着麦穗，仿佛在和人们一起欢庆丰收。秋分点正落在室女座上，太阳每年的 9 月 16 日至 10 月 31 日通过此星座。顺着大熊座北斗勺把儿的弧线，就可找到牧夫座 α 星，也就是大角。沿着这条曲线继续向南，经过差不多同样的长度可见一颗亮星，这就是室女座 α 星。连接北斗的 α 星和 γ 星，延长 7～8 倍远的地方也可看到角宿一。室女座虽是全天第二大星座，但这个星座中只有角宿一是 0.98 等星，还有四颗 3 等星，其余都是暗于 4 等的星。把这个星座可简化为一个大写的字母"Y"：以 α 星到 γ 星为柄，从 γ 星开始分为两叉，γ、δ、ε 为一分支，γ、η、β 为另一分支。好在有角宿一这颗亮星，才没有使室女座这个春天著名的黄道大星座太黯淡。角宿一是全天第十六亮星，它和大角及狮子座 β 星构成一个等边三角形，称为"春季大三角"。春季大三角和猎犬座α星组成的菱形称作"春季大钻石"，神话说这是天神宙斯送给他的姐姐得墨忒尔的礼物。春天看星时，在找到了大熊座的北斗七星和小熊座的北极星后，紧接着就应该找到这个大三角。这样再找其他星座就很容易。

4. 狮子座

黄道带的星座之一。由于岁差的缘故，4000 多年前的每年 6 月，太阳的视运动正好经过狮子座（现在的 6 月，太阳的视运动已经到了金牛座与双子座之间）。那时波斯湾古国迦勒底人认为，太阳是从狮子座中获得热量，天气才变得热起来。古埃及人也有同感，因为每年这个时候，许多狮子都迁移到尼罗河河谷中去避暑。狮子座里的星在中国古代也很受重视，把它们喻为黄帝之神，称为轩辕。

春夜通过春季大三角找到狮子座β星后，它东边的一大片星，都是狮子座的星。狮子座中δ、θ、β三颗星构成一个显著的三角形，这是狮子的后身和尾巴；从ε到α这六颗星组成镰刀形状，这是狮子的头，连接大熊座的指极星（即勺口的两颗星）向与北极星相反的方向延伸，就可以找到它。狮子座的α星是轩辕十四。自古以来，此星常被视为帝王、王者、支配者、英豪、力量泉源等的代名词，颜色呈白色，视星等为 1.35，是狮子座最亮的星，也是全天第二十一颗亮星。狮子座的β星、牧夫座的大角以及室女座的角宿一，组成了春夜里很重要的春季大三角，呈等腰三角形，延长大熊座δ和γ星到 10 倍远的地方可找到它。古代航海者经常用它来确定航船在大海中的位置，所以狮子座

轩辕黄帝像

《中国大百科全书》普及版 穿越太空——带你一起追星逐日 chuanyuetaikong dainiyiqizhuixingzhuri α星又有"航海九星之一"的称号。轩辕十四位于黄道附近，它和同样处在黄道附近的金牛座毕宿五、天蝎座的心宿二和南鱼座的北落师门在天球上各相差大约90°，正好每个季节一颗，被合称为黄道带的"四大天王"。狮子座的β星为位于狮尾的五帝座一，亮度2.1等，亦呈白色。位于脖子位置的狮子γ轩辕十二，亮度1.9等，颜色呈橘黄色，为狮子座第二亮星，是一颗双星，由两个光度分别为2.4和3.5等的橘黄色星组成。每年11月中旬，尤其是14、15两日的夜晚，狮子座的ζ星附近会有大量的流星出现，这就是著名的狮子座流星雨。它大约每33年出现一次极盛，早在公元931年，中国五代时期就记录了它极盛时的情景。到了1833年的最盛期，流星像焰火一样在ζ星附近爆发，每小时有上万颗。狮子座流星雨在1866年还很盛，1899年时却少了很多，到1932年和1965年时只看到了不多的几颗。到1998年和1999年时，狮子座流星雨再展雄姿，又出现了极盛期。著名的狮子座流星雨的辐射点即出现在此星的位置。每年11月中旬当地球穿越此流星群时，则可在狮子座的位置观测到这壮丽的奇景。

[二、夏季星座]

1. 天鹰座（牛郎星）

夏天的代表星座之一。7～8月的夜晚可见于银河的东侧。位于天球赤道上，被武仙、蛇夫、射手、摩羯、人马等著名星座环绕。并隔着银河与天琴、天鹅座遥遥相对。银河东岸与织女星遥遥相对的地方，有一颗比它稍微暗一点儿的亮星，就是天鹰座α星，即牛郎星。天鹰座的星图，古希腊人把它想象为一只在夜空中展翅翱翔的苍鹰，牛郎星就是鹰的心。牛郎星的视星等为0.77，蓝白色，距地球只有16.8光年，是距离地球最近的一等星，在全天亮星中排名第十二，实际亮度为太阳的11倍。它和天鹰座β、γ星的连线正指向织女星，天鹰座的主星是牛郎星，与天琴座主星织女星是中国古老的七夕爱情神话中的主角。牛郎、织女与天鹅座

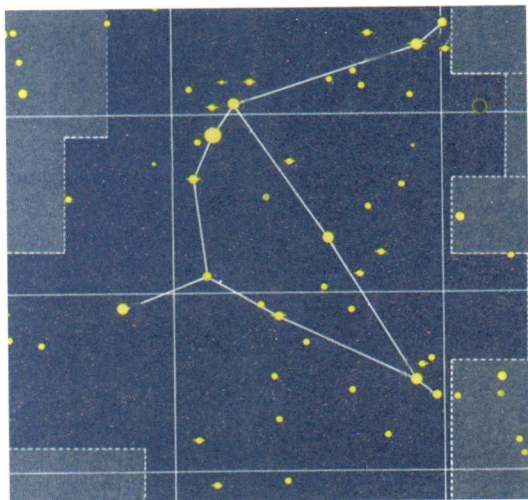

天鹰座

的主星天津四在夏夜构成一明亮的直角三角形，称为夏季大三角。牛郎星两侧有两颗四等左右的星，分别为天鹰座 β 河鼓一和天鹰座 γ 河鼓三，中国神话中这两颗星是牛郎和织女所生的一对子女。这三星和猎户座的参宿三星以及天蝎座的心宿三星是著名的三连星，古代天文观测上都有不少记录。希腊神话中天鹰座是天帝宙斯身旁的一只老鹰，负责传达宙斯的雷电。天鹰座 α 星的阿拉伯语是老鹰之意。天鹰座有一颗著名的变星——天鹰座 η 星天桴四，属于造父变星，星等变化为 3.6 等到 4.5 等，是这类恒星中最亮的一颗。变化周期为 7 天 4 小时，用肉眼或双筒望远镜就可看见其变化。

2．天琴座（织女星）

夏天的代表星座之一。在 7 月到 8 月的夏夜里高挂在银河的西侧。位于天鹅座、天龙座和武仙座之间，并隔着银河与天鹰座遥遥相对。中国古老的七夕牛郎与织女的爱情神话，织女星（织女一）就是天琴座的主星 α，而牛郎星则为天鹰座的主星。织女星旁边，由四颗暗星组成的小小菱形就是织女织布用的梭子。希腊神话中天琴座是伟大音乐家奥菲斯所弹的竖琴。天琴座最亮的星为天琴 α 星（织女一）。织女星的视星等为 0.03 等，呈蓝、白色，是全天第五颗亮星，北天球排名第二，仅次于牧夫座的大角星，亮度为太阳的 25 倍。它离我们 25.3 光年，是第一颗被天文学家准确测定距离的恒星。天琴 β 星（渐台二），是一颗双星，而其主星又是一颗食变星，亮度介于 3.3 ～ 4.4 等，周期为 12 天又 22 小时。菱形 4 星中东北角的天琴 δ 星（渐台一）是一颗远距双星为为光学双星，一颗为亮度 4.3 等的红巨星，另一颗为亮度 5.6 等的蓝白色的星。此外，在织女星东北不远处有一颗天琴 ε 星（织女二），这颗星是双重双星，也就是四合星，用双筒望远镜或视力良好者可见到一对 5 等星。4 颗星距地球约 30 光年。在天琴座 β 星及 γ 星间，有一类圆圈状的 M57 星云，称为环状星云，它是一行星状星云，距地球约 2000 光年。用口径 8 厘米以上的望远

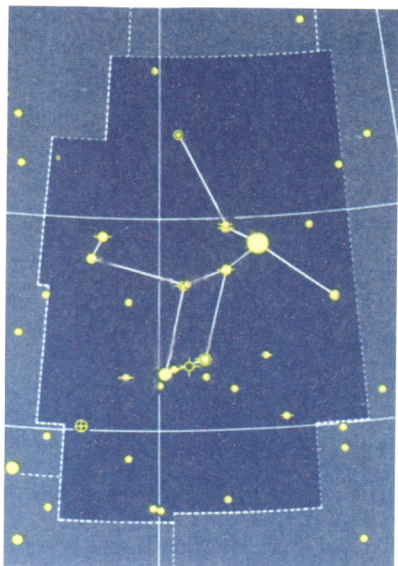

天琴座

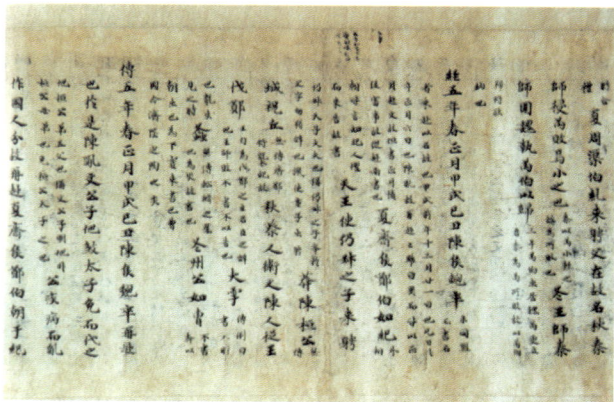

《春秋》（唐代手抄）

镜则可见其圆环。天琴座里面也有一个很著名的流星雨。它出现于每年的 4 月 19 日至 23 日，尤以 22 日最壮观。世界上关于它的最早记录，出现在中国古代的典籍《春秋》里，它生动地记载了公元前 687 年天琴座流星雨爆发时"夜中，星陨如雨"的天象。

3. 人马座

人马座，又称射手座，一个南天黄道带星座。人马座是夏季夜空中最大、最显著的星座之一。它西接天蝎座、东连摩羯座，北面是蛇夫座、盾牌座和巨蛇座，南边则是一系列小型星座，如望远镜座、显微镜座、南冕座等。面积867.43平方度，占全天面积的2.103%，在全天88个星座中，面积排行第十五。人马座中亮于5.5等的恒星有65颗，最亮星为箕宿三（人马座ε），视星等为1.85。每年7月7日子夜人马座中心经过上中天。人马座并不难认，因为它主要的星排列得像一个茶壶：箕宿二（δ）、箕宿三（ε）、斗宿六（ζ）及斗宿三（φ）组成壶身；斗宿二（λ）为壶盖；箕宿一（γ）为壶嘴；斗宿四（σ）与斗宿五（τ）为壶柄。另外其中六颗星排列相斗杓：斗宿一（μ）、斗宿二（λ）、斗宿三（φ）、斗宿四（σ）、斗宿五（τ）和斗宿六（ζ），在古代中国称为南斗六星，也就是斗宿名称的来源。从地球看来，本银河系的中心位于人马座，虽然银心被人马臂上的星云和尘埃带所遮挡，但是人马座的银河仍是非常浓密，中间还有很多明亮的星团和星云。这个星座中的天体主要是银河深处的宇宙天体，包括发射星云和暗星云，疏散星团和球状星团以及行星状星云。人马座有多达15个梅西耶天体——这是所有星座中最多的。其中很多用双筒望远镜就可以观测到。

4. 天蝎座

黄道带的第八个星座。夏季夜空中最美丽的星座之一。位于天秤座与射手座之间，上方为蛇夫座，下方则与人马座比邻，在6月至9月的南方天空可看到它的身影。轮廓像一只夹向前伸、尾巴微微倒卷的蝎子。当天空晴朗时，天蝎尾端的倒刺清晰可见。银河自西南方穿过天蝎尾部往东北延伸，经过牛郎织女所在的天鹰座及天琴座。太阳于每年的11月23至29日通过天蝎北端的黄道带。在天蝎的心脏部位有一颗耀眼的红色亮星，此即为天蝎座的α星，中文名称为心宿二，是一颗红色的超巨星，亮度变化在0.9～1.2星等间，周期为4～5年，平均亮度为0.96等左右，是全天的第16亮星。天蝎座从α星开始一直到长长的蝎尾都

《中国大百科全书》普及版◎ 穿越太空——带你一起追星逐日

chuanyuetaikong dainiyiqizhuixingzhuri

沉浸在茫茫银河里。α 星位于蝎子的胸部，因而西方称它是"天蝎之心"。中国古代把天蝎座 α 星划在二十八宿的心宿里，称作心宿二。心宿二发出红色光芒像火焰一样，中国古代也称它"大火"。心宿二位于黄道附近，它和同样处在黄道附近的金牛座毕宿五、狮子座的轩辕十四和南鱼座的北落师门一共四颗亮星，在天球上各相差大约 90°，正好每个季节一颗，它们被合称为黄道带的"四大天王"。心宿二有一颗密近的 5 等伴星，呈蓝

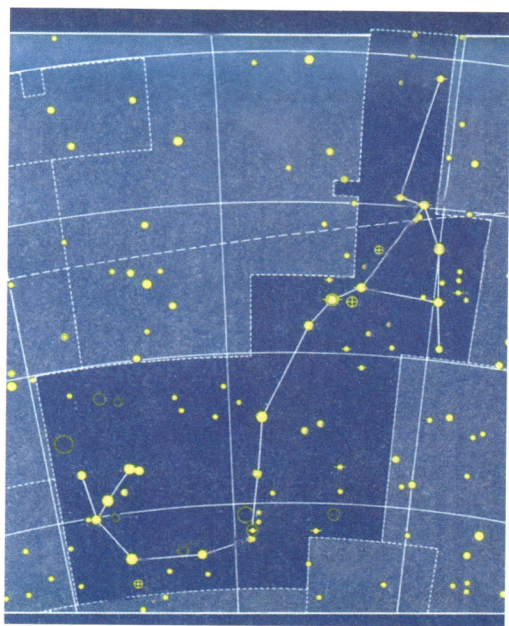

天蝎座

白色，绕行周期为 900 年，用中等口径的望远镜可见到。此外，在心宿二的左右各有两颗星，分别为天蝎 δ 星及 τ 星——心宿三与心宿一，此三颗星在中国即为二十八宿中之心宿，亦为天蝎座之中心。天蝎的第二亮星为构成尾巴倒刺的 λ 星"尾宿增二"，亮度为 1.6 等，呈蓝白色。这颗星与 κ、ν、ι、θ 及 η 等星构成"S"形的天蝎尾端。天蝎座中有不少双星和聚星，较亮的有天蝎 β 房宿四，它是由两颗亮度分别为 2.6 等及 4.9 等的恒星所组成，但此二星彼此并无关联，分别距地球 530 光年及 1100 光年，是一颗光学双星，用小型望远镜即容易区分。天蝎 ζ 尾宿三亦是远距双星，视力好的人用肉眼即可区分。ζ1 是 4.7 等的蓝白色超巨星，是 NGC6231 星团的最亮星；而 ζ2 则是 3.6 等的红色巨星，距地球 150 光年。天蝎 μ 星（尾宿一）也是光学双星，μ1 亮度为 3.1 等，μ2 则为 3.6 等，彼此并列的角距是 58″，肉眼可区分。此外，μ1 本身亦是一颗食双星，以 34 小时的周期在 2.9 到 3.2 等之间变化。聚星方面，天蝎座 ν 星与 ξ 星皆为四合星，但必须用小型望远镜才可看到。天蝎座位于南半球的银河中，故有不少天体

可供观测，最著名的有 M4、M6、M7 及 NGC6231。M4 是一球状星团，在心宿二的西南方，距地球不到 7000 光年，是最接近地的球状星团之一，但必须用小型望远镜才可看见。而 M6 与 M7 是疏散星团，在蝎尾毒钩的东北侧。M6 距地球 2000 光年，肉眼可见到。M7 距地球 780 光年，用肉眼或双筒望远镜亦可见，最亮星为 6 等。NGC6231 亦是著名的疏散星团，距地球 5900 光年，最亮的星是尾宿三，亮度 5 等。

［三、秋季星座］

1．仙后座

秋天的代表星座之一。该星座中最亮的 β、α、γ、δ 和 ε 五颗星构成了一个英文字母"M"或"W"的形状，这是仙后座最显著的标志。位于天球北极附近恒显圈内，终年都能看到。由秋季四边形的飞马座 γ 星和仙女座 α 星向北延长，有一颗明亮的 2 等星，它就是仙后座 β 星（沿这条线再向北可看到北极星）。仙后座的"W"与北斗七星隔北极星遥遥相对，当秋季仙后座升到天顶时，北斗正在天空最低处，这时在中国南方甚至都看不见它。没有北斗可连接仙后座的 δ 星和 ε 星与 γ 星的中点，向北延伸，就能找到北极星。1572 年的 11 月 11 日，仙后座突然出现了一颗在白天都可看到的"客星"。这颗星出现三周后开始变暗，直到 1574 年 3 月才从视野中消失。这种现象现代天文学上称为超新星。神话故事中，仙后座是一位美丽虚荣的皇后，她触怒了海神，最后导致她的女儿

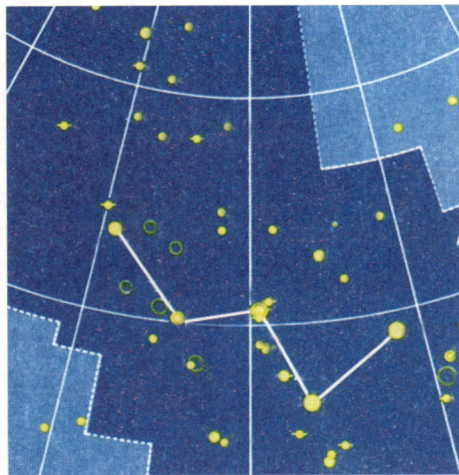
仙后座

《中国大百科全书》普及版 ◎ 穿越太空——带你一起追星逐日 chuanyuetaikong dainiyiqizhuixingzhui

（仙女座）被迫成为海怪的祭品。仙后座通常被描绘成一位皇后侧坐在她的王座上。由于仙后座和大熊座分别位于北极星的两侧，所以通常当仙后座转到地平线上方，大熊座就没入地平线。当仙后座落下时大熊座正好升起，故这两个星座常常交替被用来当作寻找北极星的指标。以仙后座寻找北极星的方式为：先由 β 星向 α 星做延长线，再由 ε 星向 δ 星做延伸，两线交于一点 X，然后由 X 向 W 的中点 γ 星延伸 5 倍就是北极星的位置。仙后座的 α 星，中文名王良二，亮度 2.2 等，呈黄色，周围有一亮度 8.9 等的伴星。星图中正位于仙后左胸的位置，故其英文名源自于胸部。仙后的 β 星，中文名王良一，亮度 2.3 等左右，颜色呈白色，由于它正好位于天球经度的零度线附近，故亦常被当成现成的经度标之一，星图中这颗星约在皇后的右肩位置。而在 W 中点的 γ 星是一颗变星，中文名策，亮度在 1.6 ～ 3.0 之间，平均亮度为 2.2 等，呈蓝白色。造成它亮度变化的原因是由于这颗星快速旋转，导致其表面气体抛出，并在其周围围绕，使得亮度受到影响。仙后座其他著名星体还有位在 β 星西北侧的 M52 疏散星团和在 δ 星南侧的 NGC457 星团。

2. 仙女座

秋天的代表星座之一。位于秋季四边形的东北角，被飞马座、仙后座、英仙座、双鱼座所围绕，可说是秋天星空的中心星座。仙女座的 α 星与飞马座的 α、β、γ 三星组成一四边形，称为秋季四边形，是秋天星空定方位的指标。神话故事中仙女座

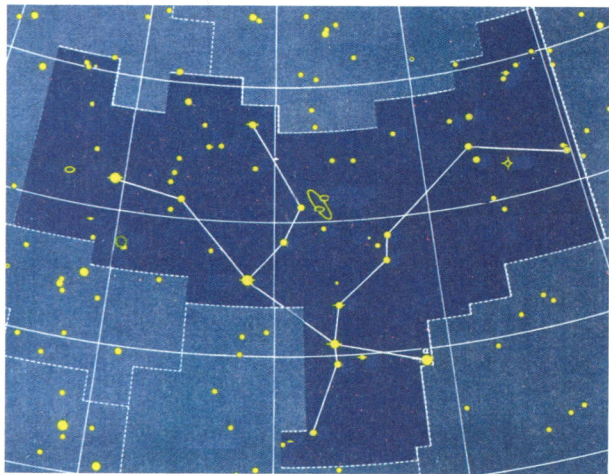

仙女座

是一位命运坎坷的公主，因傲慢的母亲（仙后座）得罪了海神，使她被绑在岩石上当成海怪的祭品。星图中仙女座被描绘成一位美丽的公主被铁链拴在海边岩石上等待着海怪吞噬。仙女座中最亮的是仙女座 α 星，亮度为 2.06 等，呈蓝白色。这颗星原本是属于飞马座的 δ 星，但后来不知何原因被划分至仙女座。在仙女座的星图中，它正位于公主头部的位置。仙女座 β 星，亮度亦为 2.06 等，呈红色。而位于最东边足踝位置的 γ 星，亮度 2.26 等，呈橘色，是一颗双星，用望远镜可看到其亮度 2.3 等的橘色主星与亮度为 5.4 等的蓝色伴星。仙女座中还有一个著名的星体 M31，又称仙女座大星云（现称仙女星系），它是一个与银河系规模差不多大小的另一河外系，直径 10 万光年，由大约两千亿颗恒星、星云、星团所组成的小宇宙，距离地球 220 万光年，但它却是宇宙中离我们最近的星系。M31 在仙女座 β 星西北方，约在仙女座 μ 星的位置，光度约 4.8 等，在晴朗无光害的夜空用肉眼可看到一片白茫茫，约有 5 个月球的直径大。除了 M31 之外，仙女座亦还包含几个著名星体，如 γ 星南方的 NGC752 星团、λ 星西南的 NGC7662 星云等。故仙女座在天文中的地位颇为重要。

《中国大百科全书》普及版◎ 穿越太空——带你一起追星逐日 chuanyuetaikong dainiyiqizhuixingzhuri

[四、冬季星座]

1. 金牛座

黄道带的第二个星座。冬季星空中美丽又重要的星座之一。轮廓像一只双角前伸的公牛。神话中这只公牛是天神宙斯的化身。金牛座的 α 星，亮度 0.85 星等，离黄道只有 5°，中国古代称它为毕宿五。它和同样处在黄道附近的狮子座的轩辕十四、天蝎座的心宿二、南鱼座的北落师门共四颗亮星，在天球上各相差大约 90°，正好四季每个季一颗，它们被合称为黄道带的"四大天王"。金牛座中最有名的天体是"两星团加一星云"。连接猎户座 γ 星和毕宿五，向西北方延长一倍左右的距离，有一著名的疏散星团——昴星团，俗称"七姐妹"。天气好时

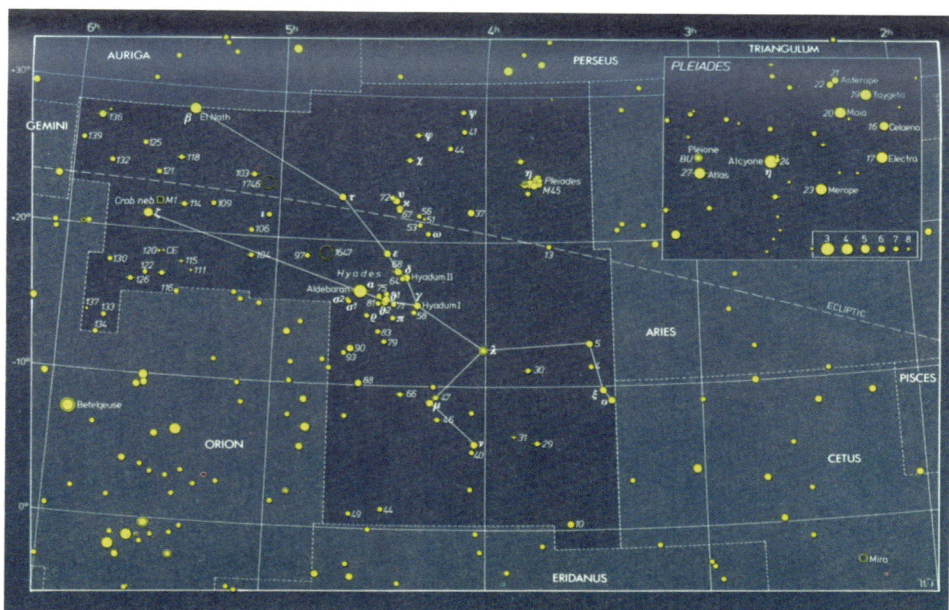

金牛座

可看到这 9 颗星，神话中这 9 颗星为泰坦神族的天神阿特拉斯与他的妻子以及他们的七个女儿（七姐妹）。中国古代又称它为"七簇星"。昴星团距离地球 417 光年，直径达 13 光年，用大型望远镜观察，可发现昴星团的成员有 280 多颗星。另一个疏散星团为毕星团，形状呈"V"字形，星图中它构成金牛的脸部。而金牛座的第二亮星是亮度 1.6 等的 β 星，位于金牛座和御夫座的边界上，是两星座共用的星。毕星团距离地球 143 光年，是最近的星团。毕星团用肉眼可看到五六颗星，实际上它的成员大约有 300 颗。毕星团中最亮的星是金牛 η 星，亮度为 2.87 等，为金牛座第三亮星。金牛座 ζ 星的附近，有一个著名的大星云 M1，根据它的形状命名为"蟹状星云"。20 世纪的天文学家推断出蟹状星云是 1054 年一次超新星爆发的产物，而 1054 年的超新星爆发在中国古代文献中有十分详细的记载。

《中国大百科全书》普及版

穿越太空——带你一起追星逐日

chuanyuetaikong dainiyiqizhuixingzhuri

2．猎户座

冬夜星空中最好认的一个星座。不仅位于天球赤道上，亦为冬季星座的中心，被金牛、御夫、双子、大犬、波江等明亮星座环绕着。形状像一个左手持盾、右手挥刀，与面前的金牛搏斗中的猎人。而右下方的大犬座则是猎户的猎犬，希腊神话中猎户是强壮高大的猎人俄里翁，是勇敢、力量、胜利的象征。由于座中 α、γ、β 和 κ 这 4 颗星组成了一个四边形，它的中央 δ、ε、ζ 三颗星排成一条直线，形成猎户的腰带。猎户座最亮的星为位于腰带西南方的 β 星，亮度为 0.12 星等，是一颗蓝白色

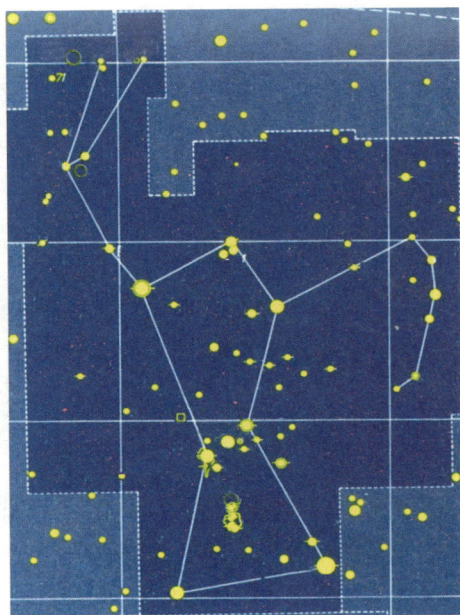

猎户座

亮星，中文名参宿七，是猎人俄里翁的左脚踝。而第二亮的 α 星位于腰带东北方，与 β 星相对，是一红色变星，平均亮度 0.5（变化范围 0.4 ～ 1.3）等，为猎户的右肩，中文名参宿四。参宿四和参宿七皆为冬季重要亮星；参宿四与大犬座的天狼星及小犬座的南河三构成"冬季大三角"，是漂亮的正三角形；而自参宿七依逆时针方向与金牛座的毕宿五、御夫座的五车二、双子座的北河三以及小犬座的南河三、大犬座的天狼星组成一多边形，称为"冬季大椭圆"。位于猎户座腰带 ζ 星下方有一模糊的星云，即著名的 M42 星云，又称猎户座大星云或鸟状星云，是最大的气状星云，天气好无光污染时肉眼即可看见。猎户座另一著名星体是编号为 NGC2024 的暗星云，在照片上可看出有片黑暗星云把后面的发光星遮住，形状像一马头，位置在腰带上的 ζ 星之东南方。

第四章 天空之眼——仪器观测

［一、古代天文仪器］

1．璇玑玉衡

"璇玑玉衡"一词出自中国古籍《尚书·舜典》，原文是"在璇玑玉衡，以齐七政"。由于记载简略，含义难以理解，从汉代起就产生两种不同看法：一主星象说，一主仪器说。司马迁主张璇玑玉衡就是北斗七星，《史记·天官书》上说："北斗七星，所谓'璇玑玉衡以齐七政'。"纬书《春秋运斗枢》更把北斗七星的名称与璇玑玉衡联系起来："北斗七星第一天枢，第二璇，第三玑，第四权，第五玉衡，第六开阳，第七摇光。一至四为魁，五至七为杓（柄），合为斗。居阴布阳，故称北斗。"《晋书·天文志》则说："魁四星为璇玑，杓三星为玉衡。"与司马迁的主张略有不同。此外，又有北极（北辰）说，如伏胜在《尚书大传》中写道："璇者，还也，玑者几也，微也，其变几微而行动者大，谓之璇玑，是故璇玑谓之北极。"《说苑》则说："璇玑谓北辰，勾陈枢星也。"《周髀算经》

称北辰皆曰璇玑，而《星经》又有不同的说法："璇玑者谓北极星也，玉衡者谓北斗九星也。"以上均主星象说。

从汉代起，认为璇玑玉衡是仪器的也大有人在。孔安国说，璇玑玉衡为"正天之器，可运转"，肯定璇玑玉衡为仪器。郑玄说："运动为玑，持正为衡，以玉为之，视其行度。"这也是指仪器。更有人主张璇玑玉衡就是浑仪。马融说："上天之体不可得知，测天之事见于经者，惟玑衡一事。玑衡者，即今之浑仪也。"三国的王蕃说："浑仪羲和氏旧器，历代相传谓之玑衡。"而北宋的苏颂认为璇玑玉衡是浑仪中的四游仪。

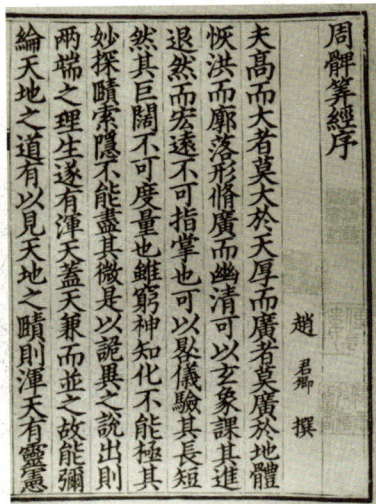

《周髀算经》序（南宋刻本）

2. 圭表

中国最古老、最简单的一种天文仪器。创制年代已不可考。它包括两个组成部分：一为直立在平地上的标竿或石柱，汉以后改用铜制，叫作表；一为正南北方向平放的尺，叫作圭。《周礼·大司徒》等篇所称"土圭"，即度圭（量度用圭）之意，是用玉或石制成的。汉以后改用石或铜制。圭和表互相垂直，组成圭表。根据正午时度量表影的长度可以推定二十四节气，从表影长短的周期性变化可以确定一回归年的日数。表影在正北的瞬间就是当地真太阳时的正午，可用以校正漏壶。从《周礼·考工记》可知，战国以前人们已懂得使用铅垂线来校正表的垂直，用水平面来校正圭的水平。

秦以前的表的高度，文献中没有明文记载。汉代以后一致称古代表高 8 尺。西汉《淮南子·天文训》提出 10 尺的表，以符合十进制的要求。但后世大都仍用 8 尺高表。只有南北朝梁大同十年（544）太史令虞𬭚曾在今南京用过 9 尺高表测影，这是少见的例外。元代郭守敬把表高增加到 36 尺，又在表顶上加一根架空的横梁，从梁心到圭面共 40 尺，这样来提高测影精度；又创制景符，以解决表高影淡的缺点，并可以测出日面中心的影长。明代邢云路曾在万历年间制 60 尺高表，是中国历史上最高的表。

《周礼》记载，圭长为 1 尺 5 寸，这是指便于移动的土圭。汉代记载，太初四年（前 101）造的铜表高 8 尺，长 1 丈 3 尺，后者实指的是圭长。后世的圭长大抵差不多。郭守敬增加表高时才把圭长也相应地增加到 128 尺。这条长圭被称为量天尺。明代又恢复 8 尺高表和 1 丈多的长圭。清钦天监在

圭表（1439 年造，陈列于南京紫金山天文台）

明制表的顶上加了一截，使表高达 10 尺。这时，表影在冬季会落到圭外。为此，清人在圭的另一端立了一个高 3 尺 5 寸的"小表"，相当于圭的延伸，叫立圭，使表影落在立圭上。量度这段影的高度可以推算得 10 尺表的表影长度。

3. 影表尺

中国古代用来测定投在圭表上日影长短的一种专用尺。又称表尺，后人又称天文尺或量天尺。其前身则为《周礼》提及的土圭，即一种石或玉制短尺。1975 年 10 月，在明初所制铜圭面上，发现了用于计量影长的残存刻度十余处。经过考证和测量，判明明代影表尺尺值为 24.525 厘米，与隋、唐小尺同。

4. 日晷

利用一根表投出的日影方向和长度以测定真太阳时的仪器。"晷"字的古义是太阳的影子。

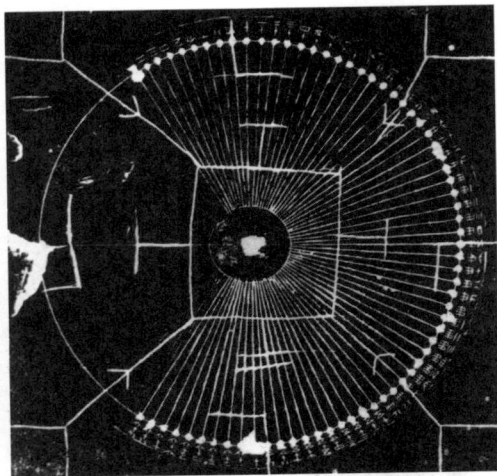

汉玉盘日晷

汉代以及后来很长的时期内把圭表测得的太阳影长也称为"日晷"。大约元、明以后才把测天体的方位以定时刻的仪器称为"晷"。明末以后，作为测时器名称的"日晷"方流行于世。中国日晷起源于圭表。日中时，表影指向正北的瞬时为正午，即当地真太阳时 12 时正。《史记·司马穰苴列传》中有"立表下漏"的记载，可见远在春秋时代就用表来测定时刻了。但用这种方法一天里只有一次机会得到读数，因此它只能用于校正漏刻的快慢。后来发明了把时角坐标网通过表顶投影到一个平面上，这样白天无论何时都能从太阳的影子来得到时刻读数。这种仪器就是日晷。日晷的部件包括一根表（称为晷针）和刻有时刻线的晷面。

日晷按晷面安置的方向可以分为地平日晷、赤道日晷、立晷（晷面平行卯酉面）、斜晷（晷面置于任何其他方向）等。晷面也可以制成半球面形，晷针顶点处于球心的就是球面日晷。如果在晷面上按当地的地理纬度和节气刻制 13 条节气晷线（冬至夏至各一条，其余每两个节气用一条），则从表影的方向和尖端的位置可以测定节气和时刻，这种日晷称节气日晷。

中国日晷的早期历史尚不清楚。19 世纪末和 20 世纪初先后在内蒙古、洛阳等地发现了几块秦汉时代的石板。在正方形的平面上刻有大小两个同心圆。大圆上每隔 1/100 圆弧的地方刻有一个浅孔，共 69 孔。每孔向内刻有一条辐射线，到小圆周为止。圆心刻有一略大的深孔。这种石刻合于中国古代把一天分为 100 刻的时刻制度，所以有些人认为它是一种日晷。但是，它们是地平日晷还是赤道日晷，一直有不同意见。也有人认为它们可能不是日晷，而是一种置于地平面上，用来测定方向或方位角的仪器，不过可以用作正午的漏刻校正器罢了。

第一个明确可靠的日晷记载是《隋书·天文志》所载隋开皇十四年（594）
鄌州司马袁充发明的短影平仪。这是一种地平日晷，晷面圆周均分为12辰。圆心
立表。袁充测定了不同节气里太阳走过一辰所需的时间，载列为表。但因每个时
辰的时间长度相差悬殊，未被后人采纳。

关于赤道日晷，据清代梅文鼎说，安徽宣城有一具唐制日晷，但并无其他文
献佐证。明确的记载初见于南宋曾敏行《独醒杂志》卷二，其中说到他的族人曾
瞻民（字南仲）发明了"晷影图"。所述结构和后世赤道日晷基本相同，不过晷
面是木制的。后世改用石质晷面，金属晷针，以求经久，称为员石敧晷。今北京
故宫等处还保存有一些清代制造的石质赤道日晷。

元代郭守敬创制的仰仪，
兼有球面日晷的作用。后来朝
鲜、日本制作的仰釜日晷则把
仰仪中心的璇玑板等取消，改
成尖顶的晷针，成为纯粹的球
面日晷。

北京故宫太和殿前的日晷

节气日晷以及其他各种
形式的立晷、斜晷等大概都是
明末来华的欧洲耶稣会士传入
中国的，或由中国学者学习刚
传入的欧几里得几何学之后自
己再创作的。明末天启年间
（1621～1627）陆仲玉著有《日月星晷式》一书，介绍了各种类型日晷的制作法，
并涉及测星、月用的星晷和月晷。

5. 浑仪和浑象

反映浑天说的仪器，早期常统称为浑天仪。由于浑仪是由许多同心圆环组成

的一种仪器，浑象则是一个真正的圆球。"浑"字在古代有圆球的意思，故名。

浑仪　浑仪中有窥管，是一种观测仪器，其主要用途是测定天体的赤道坐标，有时也能测黄道坐标和地平坐标。唐代李淳风设计制造的浑仪，其结构分为外、中、内三层（重）。外层称为六合仪，由子午环（天经双规）、地平环（金浑纬规）和赤道环（天常环）交结成固定的框架。中层称为三辰仪，由璇玑环、赤道环、黄道环和白道环等构成。各环间的相对位置是固定的，但其整体可绕仪器的极轴东西旋转。内层叫四游仪，由极轴、赤经双环和窥管（又称望管）等构成。平行的赤经双环夹着窥管也绕极轴旋转。窥管还可以自由地在双环内转动，因此能指向天空的任何一点。唐以后所制造的浑仪，原理和基本结构都与李淳风浑仪相似，只是把规环或其他零件、部件增减一些罢了。

浑仪历史悠久。何时发明，尚难断定。西汉落下闳曾造过圆仪。耿寿昌用圆仪测定日、月的视运动。东汉傅安在圆仪上加黄道环，改称黄道铜仪，用以测定二十八宿的黄道经度等。早期的浑仪构造如何，史无记载。有确切记载的是东晋

浑仪（中国铜铸天文仪器，1437年仿制，现陈列于南京紫金山天文台）

《中国大百科全书》普及版◎

穿越太空——带你一起追星逐日

chuanyuetaikong dainiyizhuixingzhuri

时孔挺所造的浑仪。这架浑仪就是六合仪和四游仪合起来的两重铜浑仪，可以推断早期各家的浑仪相去也不会太远。后来因为要直接测量太阳在黄道上的运动，必须增加黄道环；要直接测量月亮在白道上的运动，又必须增加白道环。又因为天球的周日转动，二十八宿和黄道、白道等在天穹上的位置不断变化，为了适应这种变化就必须使黄道环、白道环和赤道环都能随天球转动方向转动，就有三辰仪的产生。

对于浑仪，中国古代还注意到它的安装位置的校正问题。北魏明元帝永兴四年（412）造的太史候部铁仪（又称灵台铁仪）有个十字底座。底座上开有水沟，以校正底座平准。北宋皇祐三年（1051）于渊、周琮等造的皇祐新浑仪中，在六合仪的地平环上也开了水沟。大约在唐代以前人们就知道从浑仪极轴两端的圆孔观测拱极星的周日运动来校正仪器极轴的方向。北宋沈括把这个方法发展到很成熟的地步。因此，后来郭守敬在简仪中创造了专门的候极仪装置。

浑象　属于演示性的仪器。在一个大球上刻画或镶嵌有星宿、赤道、黄道、恒隐圈、恒显圈等，和现代的天球仪相似。浑象可能是西汉人耿寿昌发明的。东汉张衡的浑象是他设计的漏水转浑天仪的核心部分。

张衡以后，中国天文学家多次制造过浑象，而且多数和水力机械联系在一起，以取得和天球周日转动同步的效果，其中有名的制造者有三国时陆绩、王蕃，南北朝时钱乐之等。钱乐之于南朝宋文帝元嘉十七年（440）制造的小浑象周6尺6寸，有二十八宿、中外星官，以白青黄三色珠为星，以区别甘氏、石氏、巫咸氏星官，黄道上还有日、月、五星。到唐代，一行、梁令瓒把日、月缀于二轮上，可绕浑象运行，并且又和自动报时装置结合起来，开创了中国独特的天文钟传统。到郭守敬，才把报时装置和水运浑象分离开来。现存最古的浑象为清初南怀仁所做，称为天体仪，置于北京古观象台。

三国时葛衡曾经改造浑象。他把围在浑象天球之外代表地的机构移入天球中，天球转动时地仍不动。为了能看到天球中的地，必须把天球挖去多块。这种仪器古代称之为浑天象，后来就发展成为假天仪。假天仪是人们进入天球里面抬头向上看的，犹如现今天文馆的天象厅。中国第一架假天仪是北宋时出现的。

6. 简仪

中国古代测量天体坐标的仪器。元初天文学家郭守敬创造。因为是将结构繁复的唐宋浑仪加以革新简化而成的，故称简仪。郭守敬摒弃了把测量三种不同坐标的圆环集中在一起的做法，废除黄道坐标环组，把地平和赤道两个坐标环组分解成独立的装置，即今所谓地平经纬仪和赤道经纬仪。同时废弃了浑仪中的一些圆环，赤道装置中只保留四游、百刻、赤道 3 个环；地平装置中除了地平环外，还增加 1 个立运环。其中百刻、地平两个环是固定的，四游、赤道两环可以绕极轴旋转，立运环则绕垂直轴旋转。

简仪中的赤道经纬仪与现代望远镜中广泛应用的天图式赤道装置的基本结构相同，有北高南低两个支架，支撑可以旋转的极轴。极轴的南端重叠放置固

《中国大百科全书》普及版◎

穿越太空——带你一起追星逐日

chuanyuetaikong dainiyiqizhuixingzhuri

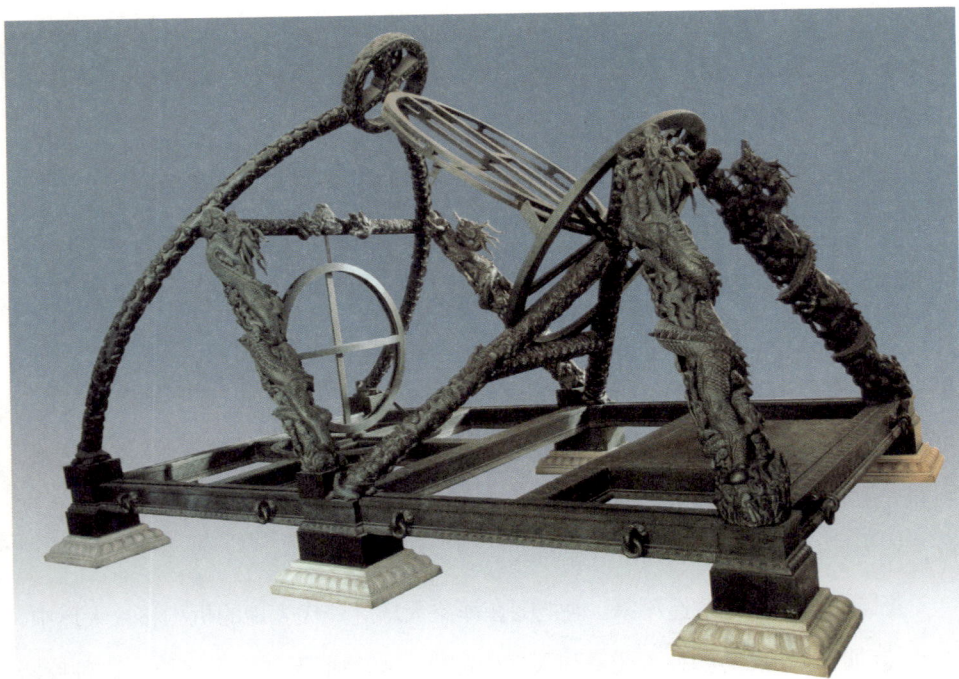

简仪模型

定的百刻环和游旋的赤道环。因此，除北天极附近外，可对整个天空一望无余，不像浑仪那样有许多障碍观测的圆环。为了减少百刻环与赤道环的摩擦，郭守敬在两环之间安装4个小圆柱体，这种结构与近代滚柱轴承减少摩擦阻力的原理完全相同。

四游双环中的方柱形窥管被撤去3个柱面，称为窥衡。窥衡的两端各有侧立"横耳"，耳中有直径6分的圆孔，孔中央各装一根细线。观测时使两条细线与星重合，以防止人目位置不正所产生的误差。为了观测两个天体的赤经差，在简仪赤道面上安装两条界衡，可容两人同时观测。

简仪中的地平经纬仪称为立运仪，它与近代的地平经纬仪基本上相似。它包括一个固定的地平环和一个直立的、可以绕铅垂线旋转的立运环，并有窥衡与界衡各一，用以测定天体的高度和方位角。

简仪的另一成就是提高了刻度分划的精细程度，元以前的仪器只能准确到一度的1/12。简仪的部分功能比唐宋时代的浑仪大大前进一步。

简仪底座架中装有正方案，用来校正仪器的南北方向。座架上开有水沟，用以平准仪器。简仪的极轴两端附有候极仪，用以校正极轴方位。

明英宗正统二年（1437）按郭守敬所制仪器仿制的仪器中有简仪1架，明清两代钦天监用于观测，以后就留在北京古观象台，抗日战争前迁往南京，现陈列于紫金山天文台。

7. 仰仪

中国古代天文仪器，元代天文学家郭守敬创制。它的形状好像一口平放的锅，直径一丈二尺（元代天文尺）。锅口上边刻着时辰和方位，相当于地平圈，上面还有水槽，用以校正水平。在锅口的南部放置东西向和南北向的杆子各一根。南北向杆子延伸到半球的中心，顶端装置一小方板，称为璇玑板。板可以南北向和东西向转动。板的中央开一小孔，小孔的位置正好在半球的中心。在仰仪的内半球面上刻着赤道坐标网。不过，这个坐标网与天球的坐标网，东西相反，以南极替代北极。转动璇玑板，使它正对太阳。太阳光通过小孔在球面上成像，从坐标网上立刻可以读出太阳去极度数和时角，由此可知当地的真太阳时和季节。仰仪基本是一种球面日晷。不过，仰仪的功能比球面日晷广泛，它能测定日食发生的时刻，还可以估计日食的方位角、食分多少和日食发生情况的全过程。它甚至还能观测月球的位置和月食情况。这架仪器利用针孔成像的原理，避免人眼对强烈的太阳光作直接观测。仰仪流传到朝鲜和日本后，取消了璇玑板，改成尖顶的晷针，从而成为纯粹的日晷，被称为仰釜日晷。

8. 星盘

测量天体高度的仪器。一说是古希腊天文学家依巴谷发明的，一说是更早的阿波隆尼所创造。现存文献中最早论述过星盘的是希腊天文学家塞翁的著作（约375）。中国在元朝制造过这种仪器（1267），在明朝译著过有关星盘的两本书，即《浑盖通宪图说》（1607）和《简平仪说》（1611）。

仪器的主体是个圆形铜盘，盘的背面安装有一可绕中心旋转的窥管。观测时，将铜盘垂直悬挂，人目用窥管对准太阳或恒星，就可以从盘边的刻度上得到它们的高度。在盘的正面，有用球极平面射影法绘制的星图和地平坐标网。星图上只有最亮的星和黄道、赤道，地平坐标网有以天顶为中心的等高圈和方位角。地平坐标网在下，星图在上。后者是用透明材料绘制的。由观测得到太阳的高度后，将当日太阳在黄道上的位置转到观测到的高度圈上，二者交于一点。这一点和盘面中心的连

星盘（约1572年制）

《中国大百科全书》普及版 ●
穿越太空——带你一起追星逐日
chuanyuetaikong dainiyiqizhuixingzhuri

线（用游尺）同刻在边缘上时圈的交点，就是观测时间。知道太阳当天的赤纬和中午时的高度，也可以求出观测地的纬度。这种仪器还可以根据不同的需要，在盘面上增加其他的东西，如测影的刻度、罗盘和占星用的符号等。它可以应用于教学、航海和测量等，在欧洲和伊斯兰世界曾经长期使用，直到 18 世纪中叶才为六分仪代替。

9. 漏壶

　　古代利用滴水多寡来计量时间的一种仪器。漏壶按计时方法大体上可分为两种：一种是观测容器内的水漏泄减少情况来计量时间，叫作泄水型漏壶；另一种是观测容器内流入水增加情况来计量时间，叫作受水型漏壶。在一些文明古国，如中国、埃及、巴比伦等，都使用过漏壶。巴比伦一般使用泄水型漏壶；埃及人两种类型都用，不过受水型漏壶使用较晚，也较罕见。

　　中国的漏壶也称刻漏。早期的漏壶是在漏壶中插入一根标杆，称为箭。箭下用一支箭舟托着，浮在水面上。水流出或流入壶中时，箭下沉或上升，借以指示时刻。前者为泄水型漏壶，叫作沉箭漏；后者为受水型漏壶，叫作浮箭漏。这两种类型统称箭漏。另一种是以滴水的重量来计量时间，叫作称漏。此外，还有一种以沙代水的沙漏。中国历史上用得最多、流传最广的是箭漏。

　　漏壶的发明时代尚无定论。在周朝已经有了漏壶。《史记》上曾记载司马穰苴在军中"立表下漏"以待庄贾，日中而贾违令不至，即被处死刑的事件。由此可见，春秋时期漏壶的使用已很普遍了。

　　西汉的漏壶现已发现五只，分别是

铜壶滴漏（元延祐三年）

在河北满城、内蒙古鄂尔多斯、陕西兴平和山东巨野出土的。前三只漏壶属于同一类型，都是铜制单只泄水型壶，大小稍有不同。壶的形状是圆筒，下有三足，在接近底部的侧面有小孔，安装滴水管，壶上有提梁，梁中央有长方形的孔，用以扶箭直立。巨野漏壶属受水型漏壶，丞相府漏壶则为泄水与受水混合型漏壶。

单只泄水型或受水型漏壶结构简单，使用方便。但是水流速度与壶中水的多少有关，单只漏壶随着壶中水的减少，流水速度也在变慢。这样，就直接影响到计时的稳定性和精确度。后来人们想到在漏水壶上另加一只漏水壶，用上面流出的水来补充下面壶的水量，就可以提高下面壶流水的稳定性。但这种办法只适用于受水型漏壶，因此泄水型漏壶很快便被淘汰了。发明增加补给壶的办法之后，人们自然会想到，可以在补给壶之上再加补给壶，形成多级漏壶。补给壶的使用大概始于西汉末东汉初。东汉张衡已使用二级漏壶，即一只漏壶和一只补给壶（不计最下面的受水壶，下同），晋代出现了三只一套的出水壶，唐初吕才设计了四只一套的漏壶。北宋燕肃又发明了另一种方法。他在中间一级壶的上方开一孔，使上面来的过量水自动从这个分水孔溢出，让水位保持恒定。燕肃创制的漏壶称莲花漏，北宋时曾风行各地。

元延祐三年（1316）的一套漏壶，现保存在北京中国国家博物馆，是三级漏壶。故宫博物院中有与此类似的一套清代制的大型漏壶。

称漏的最早制造者是公元5世纪的北魏道士李兰。称漏盛行于唐、宋。它的构造是一杆吊着的秤，受水壶挂在秤钩上，以受水壶里受水的重量计量时间。按李兰的规定，流水一升，重增一斤，时经一刻。也可以把秤杆上的重量刻度改成时刻刻度，从而直接读出时刻数。

沙漏的最早记载见于元代，造沙漏的目的是为了避免水因气温变化而影响计时精度。其原理是通过流沙推动齿轮组，使指针在时刻盘上指示时刻。明初詹希元创制五轮沙漏，后来周述学改进为六轮沙漏。但是流沙容易阻塞，使用并不普遍壶。

[二、现代天文仪器]

1. 天文望远镜

用于天文观测的望远镜。从 1609 年意大利天文学家伽利略创制第一架天文望远镜以来，直到 20 世纪 30 年代建成第一架在无线电波段探测来自天体和宇宙的射电望远镜之前的 400 多年间，天文望远镜就是光学望远镜的同义语。现在按照成像原理天文望远镜分为折射望远镜、反射望

帕洛马山天文台施密特望远镜

远镜和折反射望远镜共三类；按照探测天体辐射的不同波段则分为光学、射电、红外、紫外、X 射线和 γ 射线望远镜。

2. 空间望远镜

设置在地球大气高层或大气之外的天文望远镜。它与地面望远镜相比有下列优点：①可接收波段范围更宽的辐射。一般反射系统在短波方面可以延伸到 1000 埃的远紫外区。对于更短的波长要采用掠射成像系统，目前对 X 射线已能成像。②在宇宙空间不受大气的干扰，光学望远镜的分辨本领可达到它的衍射极限。③天空背景不受大气辉光和照明灯光的影响，有利于对暗星的探测。尤其是因为点像不受大气干扰而变得很锐，对暗星的探测和分光工作都大为有利。④不存在重力引起的结构变形。

空间望远镜光学系统的设计和制造比地面望远镜要严格得多。其镜面的精度要求达到 0.01 微米左右。大口径的镜面在有重力存在的地面上，加工到这样高的精度是困难的。为保持各光学元件与接收仪器之间的精确几何位置，并且要能经受住进入空间时出现的超重和振动，望远镜的机械装置必须有足够的刚度和强度。另外，从运载上考虑，空间望远镜的重量必须尽可能轻，所以，应选择强度高、

空间太阳望远镜

膨胀系数小的材料（如铍、钛、碳纤维塑料）制造望远镜的机架，而镜面必须采用熔石英或微晶玻璃薄壁蜂窝结构。为了降低仪器本身的热辐射，机架各部分应镀上高反射材料，如金、银等，并尽可能降温。为保证空间望远镜正确地指向目标，并进行跟踪观测，必须有精度很高的姿态控制和导星系统。此外，对于各种接收仪器操纵、转换和观测结果的记录输送，还要配备有遥控、遥测系统。

按观测波段和观测对象可分为光学-红外空间望远镜、天体测量空间望远镜、空间太阳望远镜、红外望远镜、紫外望远镜、X射线望远镜和γ射线望远镜。

3. 天体照相仪

专门以照相底片作为天体辐射接收器直接记录星空图像，并通常具有较大视场的光学望远镜。从19世纪下半叶起直到光电器件广泛应用于天文观测之前，近百年期间，和眼睛目视相比，照相术曾成为一种更高效和更客观的天文方法和手段。20世纪上半叶，发明了由三合透镜甚至四合透镜组成的具有像差较小、视场可达几十平方度的天体照相仪。在变星巡天、小行星和彗星搜索、物端棱镜光谱分类等领域都曾作出过重要贡献。

20世纪30年代发明，并从40年代起迅速推广和普及的施密特望远镜问世后，立即显现出经典天体照相仪无法与之比拟的优越性。首先，采用施密特天文光学原理的望远镜主镜是反光镜，经过特殊镀膜后，能够有效反射入射的天体光辐射的80%以上。然而，主镜由三块或四块透镜的组合体却会阻隔和散射掉入射光的70%～80%，极大地降低了效率。其次，虽然二者都是照相机，但施密特光学适用于可获取更多天体物理信息的国际多色测光系统，如UBV、UBVRI等；但经典天体照相仪受主镜的玻璃元件的限制，至多只能实现照相和仿视双色测光系统。结果曾经作为照相巡天和照相测光的天体照相仪逐渐全面地为施密特望远镜取代。

《中国大百科全书》普及版 ● 穿越太空——带你一起追星逐日 chuanyuetaikong dainiyizhuixingzhuri

20 世纪 80 年代起，天文实测中开始了以数字化的电荷耦合器件（CCD）作为天体辐射接收器取代照相底片的进程。众所周知，照相乳胶的光量子效率只有 2%～5%，而且感光反应的线性度很差，这是作为测光工具的大缺点。与之相反，具有线性反应的 CCD 器件的光量子效率却能高达 80% 以上。结果照相底片连同照相方法都淡出天文观测的历史舞台。

4. 闪视比较仪

用来搜索光度有变化（如新变星）或位置有变动（如小行星、大自行恒星）的天体的仪器。将在不同日期、在相同条件下拍摄的两张同一天区的底片平排分放在仪器底片架上，用适当的光学装置和机械装置使两底片的星像在目镜视场中重合。仪器可采用三种工作方法：①闪视法。使两底片上的星像在目镜视场中交替出现。这时，变星由于星像大小不同就会显现出脉动。运动的天体则显现位置闪动。②比色法。通过不同颜色滤光片同时观看两张底片的星像，变星看起来呈彩色边缘，而运动天体看起来便是不同颜色的分立像点。③立体法。用立体镜同时观看两张底片，变星或运动天体就会产生与正常星不同的立体感。自 1956 年起，有人将电视应用于闪视比较仪。两束扫描光分别透过两张底片后，进入两个光电倍增管，由光电倍增管输出的信号在混频器上相减，其差值经放大后在电视屏上显示。正常星的两路信号相抵消，变星显示或亮或暗的环或斑点。这里还可接上自动记录仪，记录天体的光度或位置的变化。汤博就是利用了这一仪器发现冥王星的。

5. 三球仪

天文教学和天文普及仪器，又称月地运行仪。它由代表太阳、地球和月球的三个小球组成，并有机械联动装置，用以演示三球关系和由此产生的一些天文现象。为了模仿自然界的真实情况，中间的太阳一般采用发光的灯泡，以照亮地球和月球。地球倾斜着在轨道上绕日旋转，月球绕地球的轨道和地球绕太阳的轨道相交成一个角度。这样就可以演示日食和月食、月球的盈亏、地球的自转和公转、昼夜和四季的交替等现象。

6. 天象仪

一种可在室内演示各种天体及其运动和变化规律的仪器。1923 年，德国蔡斯光学仪器厂发明并创造出样机。那时的天象仪主要是精密光学装置。如今的天象仪已演进为光机电声和计算机综合体的高新技术设备，演示过去、现在和未来的天象的时间跨度可长达几千年。天象仪问世以来，向公众尤其是青少年普及天文知识和宇宙知识作出难以

天象仪

取代的重大贡献。中国于 1957 年引进蔡斯天象仪，安装在北京天文馆。2004 年，增加一台最新型的装置。2007 年，国产第一套数字天象仪正式问世。

7. 日冕仪

能在非日食时观测日冕和日珥的形态和光谱的仪器。日冕的亮度仅为日面平均亮度的百万分之一，远低于地面白天天空亮度，只有在日全食时，天空变黑之后，才能在地面上用肉眼看到银白色的日冕和红色的日珥。日冕仪的主要特征是在望远镜主镜的焦平面上设置一个挡光屏，可遮挡主镜形成的太阳光球像，留下的日冕像则由另一个透镜聚焦到终端的焦平面上。望远镜光学和机械设计要求最大限度地消除镜筒内和仪器本身的散射光。此外，仪器应该安置在高海拔的台址诸如

2000 米以上的高山上，以期达到因大气稀薄和洁净致使天空亮度能够下降到相当于或略低于日冕亮度的外部环境。

　　日冕仪通常用于白光或单色光观测。在口径较大和光力较强的日冕仪焦平面上设置低色散光谱仪可进行日冕和日珥的分光研究。地面日冕仪只能看到日面边缘附近的内冕区域（约 0.3 个太阳半径），而在最佳条件下的日全食期间，则可观测到延伸的外冕（4～5 个太阳半径以远），因此不能完全取代日全食之时的日冕观测。

　　20 世纪 70 年代以来，一些太阳空间探测器安载了日冕仪。由于日地空间内没有地球大气产生的散射光干扰和视宁度问题，空间日冕仪在任何时间都能观测到内冕和外冕。

8. 射电望远镜

　　接收并研究宇宙和天体的无线电波（频率 20 千赫～3 吉赫，即射电）的强度、频谱或偏振以及这三个量的变化的装置。包括收集射电波的定向天线，放大射电信号的高灵敏度接收机，信息记录、处理和显示系统，计时系统，环境检测设备，计算机控制和管理等。

　　经典射电望远镜的基本原理和光学反射望远镜相似，由天体投射来的电磁波经抛物面反射后，同相到达公共交点。射频信号功率首先在焦点处放

德国普朗克射电天文研究所直径 100 米的可转动式射电望远镜

大，并转换成较低频率，经进一步放大和检波，再记录、归算、处理和显示。

世界上第一台射电望远镜是美国无线电工程师 K.G. 央斯基在 1932 年制造的。发现并确认来自银河系中心方向的宇宙射电，从而开启了射电天文的历史。央斯基的射电望远镜是长 30.5 米、高 3.66 米的旋转天线阵。1937 年，美国天文学家 G. 雷伯建成直径 9.45 米反射式天线，它是世界上第一架抛物面射电望远镜。1946 年，英国建造直径 66.5 米固定式抛物面天线。21 世纪初，最大的可转动式抛物面天线是德国于 1970 年建成的直径 100 米射电望远镜。最大口径的固定式抛物面天线是美国 1962 年建成的直径 305 米望远镜。

20 世纪 50 年代末，英国天文学家 M. 赖尔发明综合孔径技术，用之实现高分辨率的射电天文探测。60 年代末，射电天文领域引进干涉测量技术，随后兴建了一批用于探测米波、厘米波以及毫米波宇宙射电，由天线阵组成的射电干涉仪。英国于 1972 年建成 5 千米天线阵。70 年代，中国建造了包括 28 面 9 米直径抛物面天线的米波阵。1981 年，美国完成由 27 面 25 米直径抛物面天线组成的甚大阵（VLA）的建设。这些干涉仪都是综合孔径技术应用的范例。赖尔因其对射电天

美国阿雷西博天文台的直径 305 米固定式射电望远镜

《中国大百科全书》普及版

穿越太空——带你一起追星逐日

chuanyuetaikong dainiyiqizhuixingzhuri

文领域的开拓性贡献获 1974 年诺贝尔物理学奖。

1985 年，实现了洲际甚长基线干涉测量（VLBI），获得 3/1000 角秒的分辨率，揭示距离以 10 ～ 1000 兆秒差距为计的河外天体的以秒差距为计的精细结构，大大超过光学天文领域现有的分辨本领和测量精度。

北京密云射电望远镜阵

目前，中国正在建造世界最大口径球面射电望远镜。

9. 红外望远镜

在红外波段（波长 0.8 ～ 1000 微米）进行天文观测的望远镜。近红外（波长短于 2 微米）望远镜可设在海拔较高且湿度较小的地基天文台，但远红外望远镜则只能置于空间天文台中。2003 年口径 85 厘米的斯必泽空间红外望远镜已投入使用。

10. 紫外望远镜

在紫外波段（波长 91.2 ～ 300 纳米）进行天文观测的望远镜。置于空间天文台中才能有效地避免地球大气的阻断。如 1978 年进入环地轨道的国际紫外天文探测器（IUE）搭载的口径 43 厘米光学望远镜，1992 年升空的极紫外探测器（EUVE）中的望远镜。

11. 太阳望远镜

最基本的太阳望远镜是太阳照相仪，它实际上就是附加上照相装置的光学望远镜，可用于太阳的直接照相。太阳照相仪通常为赤道式装置，由机电转仪钟跟踪太阳。另外，要加上宽带滤光片以减少散射光和像差，取得的照片即是光球的白光图像，可见太阳黑子、光斑和临边昏暗现象。高分辨的白光照相还可见米粒组织、纤维组织、黑子半影等细节。若在望远镜的焦平面后设置放大目镜，并在目镜后置一投影屏，即可实现目视太阳投影观测，称为太阳投影仪。

太阳色球望远镜是观测太阳色球的专门设备。它是在太阳光学望远镜的光路中加上只能透过氢原子发射的 Hα 波长 656.28 纳米的窄带滤光器，可透过的带宽通常为 0.05 纳米。色球的亮度虽然只及光球的万分之一，但辐射却在某些波长的谱线上，可见光波段的最强谱线就是 Hα，而在此波长处的光球辐射反比色球的弱。色球望远镜的窄带滤光器根据偏振光的多级干涉原理用双折射晶体和偏振片制成，通称双折射滤光器或偏振干涉滤光器。

大型太阳望远镜大多是一种综合性设备，主要功能是提供多种大小尺度和高质量的太阳像，而终端装置能对太阳像的不同部位和太阳大气中不同层次进行光谱、单色像、磁场、速度场等多种观测。望远镜的光学系统可采用地平式定天镜装置或垂直式定天镜装置，后者也称塔式太阳望远镜或太阳塔。大型太阳塔的定天镜和主镜的口径大多为 30 ～ 100 厘米或更大。有些为了消除气流对成像的稳定性的影响，将主镜置于地下室内并将光路空间保持在真空状态，称为真空太阳塔。此外，为了发挥最大的效益并取得更高质量的观测资料，应该将望远镜设置在大气条件优良的台址。

《中国大百科全书》普及版◎

穿越太空——带你一起追星逐日

chuanyuetaikong dainiyiqizhuixingzhuri

中国科学院国家天文台太阳望远镜

大型太阳望远镜的终端设备中，最基本的是分光仪器，如单波段光谱仪、多波段光谱仪、单色光仪等。此外，还有根据多普勒原理测定太阳表面物质运动状态的太阳速度场仪，利用塞曼效应测量日面磁场矢量分布图的太阳磁象仪，能对太阳磁场进行实时观测的视频磁象仪等。以视频磁象仪为主要终端设备的太阳望远镜也称太阳磁场望远镜。

12. 折射望远镜

物镜为透镜的光学望远镜。1609年，意大利科学家伽利略在得知有人发明了望远镜的消息后，随即用一凸透镜为物镜，用一凹透镜为目镜，分别置于一个管筒的两端，制成一架放大率3倍的望远镜。随后又制成另一架放大率8倍的望远镜。最后，制成一架口径4.4厘米，筒长1.2米，放大率33倍的望远镜。这就是天文学史上的第一架天文望远镜。后人称之为伽利略望远镜。该光学系统的特征是成的像是正像，像在焦平面之前。伽利略从1609年底起用他手制的望远镜指向夜空，观察天象，得出了许多

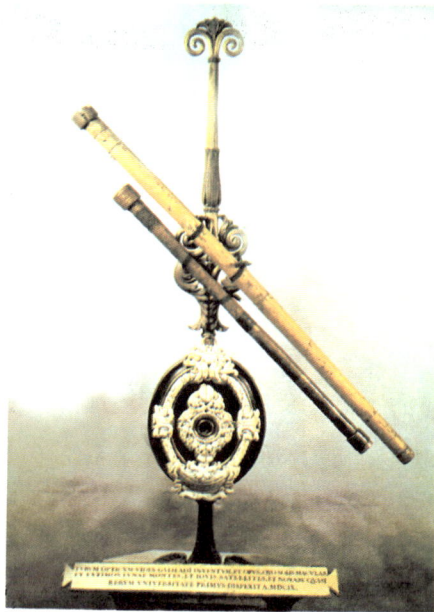

伽利略望远镜

划时代的天文发现，从此天文学进入用望远镜观天的新时期。

1611年，德国天文学家J.开普勒采用凸透镜即正透镜为目镜，这样的望远镜成像在焦平面之后，像是倒像。后人称之为开普勒望远镜。由于这种光学系统的出射光瞳在目镜之外，便于目视观测，因此从17世纪中叶起天文学家普遍采用开普勒望远镜。

直到18世纪初，折射望远镜的物镜都是单透镜，色差和球差均很严重。

世界上最大的折射望远镜

1756 年，英国光学家 J.多隆德发明了由一冕牌玻璃凸透镜和一火石玻璃凹透镜组合而成的消色差复合物镜，才使得折射望远镜成为 18～19 世纪目视观天的主要天文仪器。

进入 20 世纪后，天文学的进展要求要有聚光本领更强大的天文望远镜，观天的主力几乎全都让位于口径可建造得更大的反射望远镜。

13. 反射望远镜

物镜为反射镜的光学望远镜。光学性能的主要特点是没有色差。理论上两个以上的反射镜面组成的光学系统还可消除其他像差。反射望远镜的大小通常按主镜的通光口径计，如 1.5 米望远镜、2.4 米望远镜。根据是否采用二次反射或二次以上反射之后再聚焦，能够形成位置不同的焦点。常用的有主焦点、牛顿焦点、卡塞格林焦点、格里焦点、R-C 焦点、折轴焦点等。采用上述不同焦点的望远镜的光学系统，分别称为主焦点望远镜、牛顿望远镜、卡塞格林望远镜、格里望远镜、R-C 望远镜，以及折轴望远镜。

第五章 星书夜话——中外天文学名著

[一、《石氏星经》]

中国战国时代魏国天文学家石申（一名石申夫）的著作。据南朝时代梁阮孝绪的《七录》说，石申著《天文》八卷。这大概是石申著作的本名。大约在西汉以后才被尊称为《石氏星经》。

《史记·天官书》、《汉书·天文志》等汉代史籍中引有该书的零星片断，其内容涉及五星运动、交食和恒星等许多方面。汉、魏以后，石氏学派续有著述。他们的书都冠有"石氏"字样，如《石氏星经簿赞》等。《石氏星经》原著和石氏学派其他著作都已失传。不过，在唐《开元占经》中有大量节录。其中最重要的是标有"石氏曰"的 121 颗恒星的坐标位置（今本《开元占经》中佚失 6 个星官的记载）。计算表明，其中一部分坐标值（如石氏中、外星官的去极度和黄道内、外度等）可能是汉代所测；另一部分（如二十八宿距度等）则确与公元前四世纪，即石申的时代相合。自三国时代吴太史令陈卓总和石氏、甘氏、巫咸三家星官成283官、164星的星座体系后，出现了综合三家星官的占星著作，其中有一种称为《星经》或《通占大象历星经》。这部书后来被人伪托为"汉甘公、石申著"。自宋以后又称它《甘石星经》。但该书中有唐代的地名，而且有巫咸这一家的星官。因此，它与战国、两汉时代所流传的《石氏星经》完全是两回事。

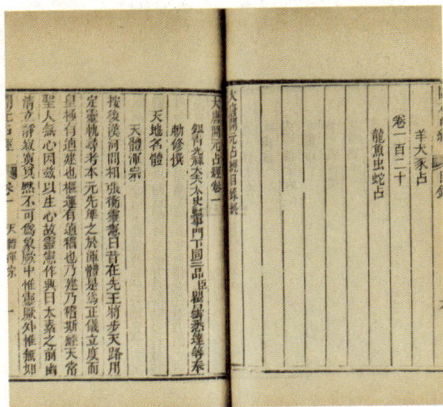

《甘石星经》

[二、《开元占经》]

中国古代天文学著作。全称为《大唐开元占经》，瞿昙悉达撰。编纂成书的时间在唐开元六年（718）至开元十四年之间。此书唐以后一度佚失，至明万历四十四年（1616）歙县人程明善偶然于古佛腹中发现，始又得以流传。

目前除《四库全书》本外，通行的为道光中恒德堂藏版巾箱本，日本也有古抄本。全书120卷。书中有关于天文星象和各种物异等多方面的大量占语。其天

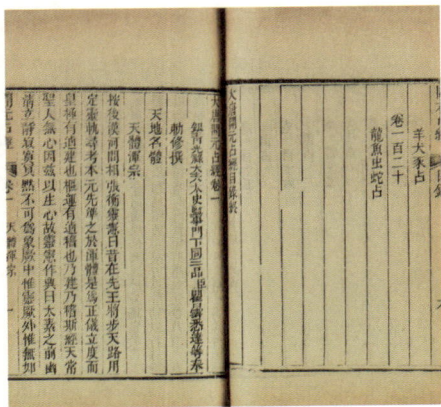

《开元占经》

文内容有名词解释、宇宙理论、日月五星行度、二十八宿距度、石氏、甘氏、巫咸氏三家星官名称、度数等；还介绍了修书时施行的《麟德历》与瞿昙悉达所译印度《九执历》以及从古六历到《麟德历》共16种著名历法的积年、章率等基本数据。书中搜辑唐以前的天文、历法资料及纬书甚多，如张衡的《灵宪》、《浑天仪图注》，甘氏、石氏、巫咸氏

三家星经等。已散佚的古书中的不少资料，靠《开元占经》的辑录，才得以保存下来。例如今人所研究的《石氏星经》中 121 个恒星的赤道坐标，就是这样流传下来的（现流行本中缺 6 个）。这部书对于中国天文学史的研究很有价值，其所录《九执历》则是研究印度古代天文学的珍贵资料。

［三、《新仪象法要》］

中国宋朝天文学家苏颂为水运仪象台所作的设计说明书。成书于宋神宗绍圣初年，大约在公元 1094 ～ 1096 年间。据《宋史·艺文志》等记载，本书又曾名《绍圣仪象法要》、《仪象法纂》等。

今通行各本都源出南宋乾道壬辰（1172）施元之刻本，共三卷。施元之曾据当时所见的各本进行过校补。书中所谓"一本"、"别本"就是施元之补入的。通行本中以《守山阁丛书》刊本为善。书首有苏颂《进仪象状》一篇，报告造水运仪象台的缘起、经过和它与前代类似仪器相比的特点等。正文以图为主，介绍水运仪象台总体和各部结构。各图附有文字说明。卷上介绍浑仪，有图 17 种。卷中介绍浑象。除五种结构图外，另有星图 2 种 5 幅，四时昏晓中星图 9 种。卷下则为水运仪象台总体、台内各原动及传动机械、报时机构等，共图 23 种，附别本作法图 4 种。其中还有唯一的一段不带图的文字："仪象运水法"，讲述利用水力带动整个仪象台运转的过程。总计全书共有图 60 种。这些结构图是中国现存最古的机械图纸。它采用透视和示意的画法，并标注名称来描绘机件。通过复原研究，证明这些图的一点一线都有根据，与书中所记尺寸数字准确相符。本书是中国现存最早的水力运转天文仪器专著。它反映了

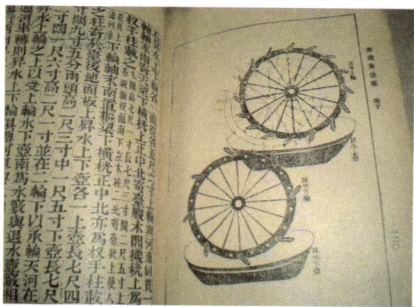

《新仪象法要》

中国 11 世纪的天文学和机械制造技术水平。通过研究，人们得以了解中国古代的水运仪象传统，从此还得知近代机械钟表的关键性部件——锚状擒纵器是中国发明的。

[四、《崇祯历书》]

中国明代崇祯年间为改革历法而编的一部丛书。它从多方面引进了欧洲的古典天文学知识。全书共 46 种、137 卷（内有星图一折和恒星屏障一架）。编撰工作由专设的历局负责。全书主编是徐光启（徐光启死后由李天经主持）。崇祯二年（1629）九月成立历局，开始编撰。到崇祯七年十一月全书完成。参加翻译欧洲天文学知识的有耶稣会士汤若望（德国人）、罗雅谷（葡萄牙人）。在他们之前还有邓玉函（瑞士人）、龙华民（意大利人）等参加过短期工作。

《崇祯历书》包括天文学基本理论、天文表、必需的数学知识（主要是平面及球面三角学和几何学）、天文仪器以及传统方法与西法的度量单位换算表五类。由于主编徐光启强调把历法计算建立在了解天文现象原理的基础上，因此，理论部分共占全书三分之一篇幅。《崇祯历书》采用第谷创立的天体系统和几何学的计算方法。其优点是：引入了清晰的地球概念和地理经纬度概念，以及球面天文学、视差、大气折射等重要天文概念和有关的改正计算方法。它还采用了一些西方通行的度量单位：一周天分为 360 度；一昼夜分为 96 刻 24 小时；度、时以下采用 60 进位制等。

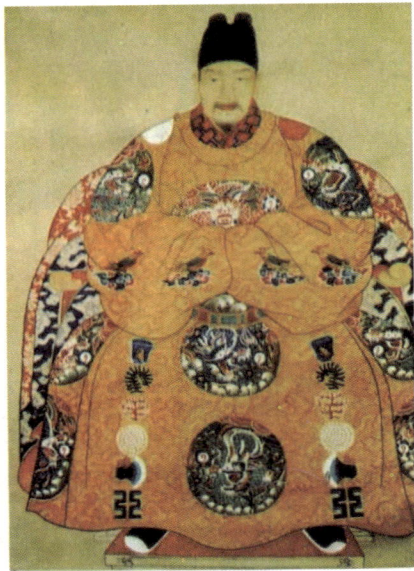

崇祯皇帝

《中国大百科全书》普及版

穿越太空——带你一起追星逐日

chuanyuetaikong dainiyiqizhuixingzhuri

明末政治腐败，《崇祯历书》编成后并未用来编历。入清后，汤若望将《崇祯历书》删改为 103 卷，连同所编的新历本一起进呈清政府，得到颁行。新历定名为《时宪历》。删改的《崇祯历书》改称为《西洋新法历书》。《崇祯历书》在崇祯年间曾经刊刻，但未完成。入清后曾多次挖板或重刻，加上汤若望的删改，因此版次较乱，卷数不一。收入《四库全书》的 100 卷本《西洋新法历书》，因避乾隆讳改称《西洋新法算书》。

[五、《历象考成》]

中国清代一部论述历法推算的著作。清初使用的《时宪历》是按照汤若望删定的《西洋新法历书》编的。因该书由多人参加编写，主编徐光启逝世过早，最后全书未及统一，以致其中各部分有些矛盾，有的说明文字隐晦难懂。康熙五十二年（1713），清政府组织钦天监内外人员修订《西洋新法历书》，编成《历象考成》42 卷。上编 16 卷阐明理论，名"揆天察纪"；下编 10 卷讲计算方法，名"明时正度"。另外附有运算表 16 卷。据研究，该书是以当时学者杨文言的原稿为底本写的。

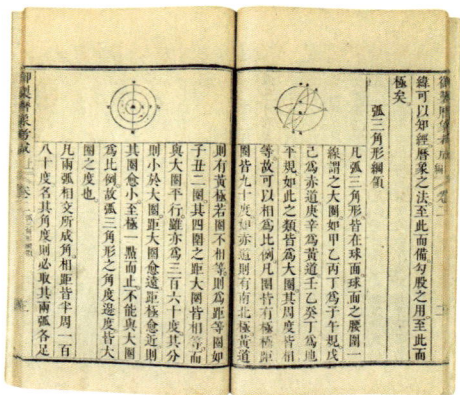

《历象考成》

雍正八年六月，按《历象考成》所载的方法推算日食，食分与观测不合，乃由钦天监西洋监正、日耳曼耶稣会士戴进贤重编日缠、月离表 39 页，附于《历象考成》之末。但既无说明，又不载推算方法，钦天监中能用此表的只有三人。乾隆二年，据顾琮的建议，以梅瑴成、何国宗、戴进贤、徐懋德、明安图等人为主要成员，成立"增修表解图说"班子（共 31 人），经五年多时间，于乾隆七年六月编成《历象考成后编》，共 10 卷。与前编相似，也分计算原理、计算方法和运算表三部分。《历象考成》采用第谷体系，数据也多取之于第谷。虽然在编纂上和精度上比《崇祯历书》有所提高，但整个体系却是落后的。《后编》采用的是颠倒了的开普勒第一、第二定律，即认为太阳沿椭圆轨道绕地球运动，地球在一个焦点上。由于《后编》只涉及日、月运动和交食问题，因此，作这样的颠倒在数学计算上并没有什么影响，而它的精确度却较第谷体系要高。《后编》一些基本用数也采用新数据，如大气折射原用地平上为 34 卜，地平高度 45° 为 5″，《后编》改地平上为 32 卜，地平高度 45° 为 59″。这比前编有较大的进步。

［六、《畴人传》］

一部记述中国历代天算家学术活动的传记集。清阮元撰，46 卷。始作于乾隆六十年（1795），完成于嘉庆四年（1799）。阮元的学生李锐、周治平参加了撰写工作，并经钱大昕等协助订正。

"畴人"一词有几种解释。通常依据《史记集解》对《历书》"畴人"的注

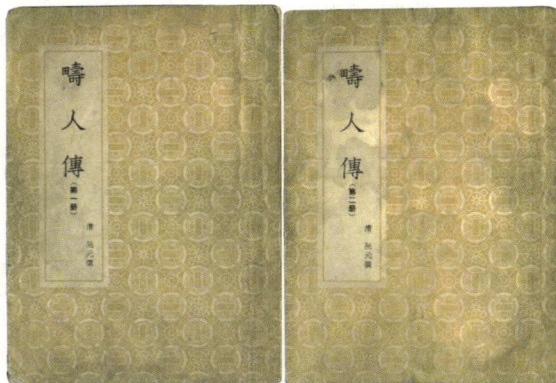

《畴人传》

释"家业世世相传为畴……各从其父学"的说法，认为中国古代天文学家和数学家多是师承家学，所以称为畴人。《畴人传》收有自上古至清乾隆末年的天文、历法、算学家 300 多人（包括外国 41 人），叙述他们的事业和贡献。内容涉及历代天文历法推算资料、论

天学说、仪器制度以及算学等许多方面；星占之学则未予采收。所叙事迹、论说及著作，均摘编自有关典籍的原文。除人物姓名、籍贯、生卒年月、曾任主要官职外，其他政治与文化成就都略而不载。有些传后附有编者的评论。

清朝后期道光二十年（1840），罗士琳撰《畴人传续编》6卷，收至道光初年。光绪十二年（1886），诸可宝又撰《畴人传三编》7卷，收至光绪初年。光绪二十四年，黄钟骏更撰《畴人传四编》12卷。《四编》收录标准放宽了，其中包括一些主要的占星家和其他学者。以上三部续书，仿原书体裁，共收600多人。

［七、《天文学大成》］

2世纪天文学家托勒玫在亚历山大城完成的一部天文学名著。它是希腊天文学的总结，在中世纪是欧洲和阿拉伯天文学家的经典读物，直到17世纪初才失去它的作用。

《天文学大成》的希腊原名本应译为《大综合论》。托勒玫有时把它叫作《数学文集》。9世纪初，阿拉伯人胡那因·伊本·伊沙克父子在巴格达翻译此书时，将"大"译成"最大"，再加上阿拉伯语的冠词"al"，就成了 Al Magiti，这就是今天书名 Almagest（直译应为"至大论"）的来历。此书曾于元朝传到中国，但未译成中文，直至明末的《崇祯历书》中才有简要介绍。全书共分13卷。第一、第二卷讲基本的观测事实和数学基础，论证地为球形，居宇宙中心，静止不动，其他天体绕它旋转。这个宇宙模型虽不正确，但许多数学知识至今仍然有用。第三卷讨论太阳的运动和各种年的长度。第四卷讨论月球的运动和各种周期，并叙述他的一个重要发现——出差。第五卷讲星盘的制造方法；由月球的视差求得月球的距离为地球半径的59倍；又用月食法，推得与太阳的距离为1210地球半径。第六卷讨论日月食的计算。第七、第八卷讨论恒星和岁差；将恒星按亮度分为6等，列出48个星座，1022颗星的黄道坐标，并叙述天球仪的制法。其余五卷利用本轮、均轮理论详细讨论五大行星的运动。

[八、《天体运行论》]

波兰天文学家 N. 哥白尼阐述日心说的著作。1543 年在德国纽伦堡以拉丁文出版，1566、1617 年出第 2 和第 3 版，后被译成多种文字。中译本第 1 卷出版于 1973 年。全书共 6 卷，第 1 卷是宇宙概观，叙述日心说的基本观点，论证地球绕日运动，该卷是全书的精华；第 2 卷按日心体系解释天体的视运动；第 3～6 卷分别讨论太阳、月亮、内行星和外行星的视运动，以及预告它们视位置的计算方法。

哥白尼为本书写过一篇介绍日心说主要观点的简短的《要释》，曾在友人之间流传。朋友们劝他早日将全书发表，但直到其晚年重病在身时，他才同意出版。他很了解，自己的这部著作一经刊布，会引起各方面的反对，尤其是教会势力的

《天体运行论》

阻挠。因此，他在序言里写明将此书献给保罗三世，希望能得到这位较为开明的教皇的庇护。受哥白尼委托出版该书的教士 A. 奥塞安德尔为了能使该书顺利发行，擅自加了一篇未署名的前言，称书中的理论只是为了计算星历表而设计的，这实际上已违背了哥白尼的本意。直到 19 世纪发现了该书的原稿，人们才弄清这篇前言并非哥白尼的手笔。

尽管该书在具体计算方法上还沿用了古希腊时代的匀速圆周运动和本轮均轮体系，但它的出版在思想界和科学界产生了巨大的影响。恩格斯说，哥白尼用这本书"向自然事物方面

的教会权威挑战。从此自然科学便开始从神学中解放出来"（《马克思恩格斯全集》第 20 卷，第 362～363 页）。

［九、《自然通史和天体论》］

德国哲学家 I. 康德于 1755 年发表的天文学和天体演化学著作。全书包括一个"前言"和三个部分。

在"前言"中，康德以唯物主义的批判精神，大胆地宣布"给我物质，我就用它造出一个宇宙来"，强调物质必然具有使自己运动起来的力量，它受某种客观规律的支配，而决不需要用"一只外来之手"推动。康德在该书的第一部分接受与发展了英国天文学家 T. 赖特的思想，从各个行星的共同轨道平面及其椭圆形式所表现的太阳系规则性结构，推演出整个宇宙的规则性结构。他认为，组成银河系的无数恒星并不杂乱无章，而是与太阳系很相似的系统，它们与太阳系一起，组成了一个有规则的系统。但这个系统并不是唯一的宇宙系统，此外还有无限多的"银河系"。他推想，当时天文学观察所报道的那些位置交错的椭圆形态无非是另一些"银河"，它们与太阳系所在的银河系一起，又构成了更大的宇宙系统。他的这些推测被天文学后来的发展证明是正确的。

康德在这部著作的第二部分，探讨了太阳系的起源以及宇宙的演化。他认为，在太阳系开始产生时，处于原始混沌状态的物质微粒本身就具有斥力与引力。引力的作用导致原始星云中分散的物质微粒形成各种不同的凝聚体，较轻的成分为较重的成分所吸引，较小的球体为较大的球体所吸引。与这个运动过程相反，斥力则导致原始星云的横向偏离与漩涡运动，从而使物质微粒凝成的行星绕日运行。这样，引力与斥力的矛盾就达到了最小相互作用的状态，形成了我们的太阳系。康德在这里所阐发的星云说，解释了太阳系的形成过程，从而既克服了 R. 笛卡尔片面强调斥力作用，无法说明太阳和行星怎样由物质微粒形成球体的困难，也克

服了 I. 牛顿片面强调引力作用，因而无法说明行星绕日运动的初始动力。他还把太阳系起源的假说推广到整个宇宙系统，刻画了宇宙物质的演化。他一方面认为，宇宙的发展在时间和空间上没有尽头，是宇宙物质日臻完善和逐渐衰退的不断更替过程；另一方面，他又认为宇宙的发展在时间和空间上有开端。他认识到，行星系统的斥力消耗殆尽之后，运行着的天体就会坠入中心物体，并被坠落的力量粉碎成重新处于混沌状态的物质微粒。不过从这种混沌中产生的不是新的天体系统，而是同样的东西。这反映了康德宇宙发展学说的内在矛盾。

该书的第三部分是附录。在这里，康德从天体演化的普遍规律出发，推测地外天体也必然有人居住，甚至推测在离太阳更远、形成得更晚的行星上可能会有更优越、更完善的居民。

康德这部著作在科学上吸收了牛顿力学的成果，首次提出太阳系起源的星云假说，在天文学发展史上发生过重大影响；在哲学上，它宣告地球和整个太阳系都是在时间进程中形成的，宇宙万物都服从于发生、发展和灭亡的普遍规律，从而打开了当时占统治地位的机械唯物主义自然观上的第一个缺口。

该书出版后曾广为流传，中译本出版于 1972 年，书名译为《宇宙发展史概论》。

第六章 八卦天文——奥妙之谜

[一、不明飞行物]

　　未经查明来历的空中飞行物。俗称飞碟。尚未判明和证认的空中飞行物的统称。20 世纪 40 年代以来，有关的国际组织汇集的关于 UFO 的举报总数超过 50 万例，经排查和证认，其中 45 万例或为已知飞行物，或为误报和谎报，迄今尚遗有 10% 的事件仍属 UFO，有待继续证认。

　　20 世纪议论最多的是"不明飞行物"(UFO)。1948 年美国空军执行了一项"蓝皮书计划"，经过 22 年研究，对 12600 份目击者的报告作了处理，发现其中 12000 起均为已知物体。1968 年美国科罗拉多大学成立了一个专门小组，有几十位各方面的专家参加，写出长达 1500 页的报告，结论是没有根据证实 UFO 是

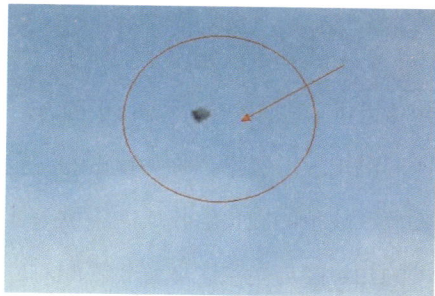

天外来客，对此问题无须再作研究。

[二、地外生命]

在太阳系内其他天体上的智慧生命（至少是会点火和用火），地球以外的天体上可能存在的生命现象。

19世纪末，洛韦尔关于火星人及其运河的宣传曾经轰动一时，但20世纪空间探测器对太阳系各种天体的近距考察可以断定，在太阳系内除地球以外，其他天体上均无智慧生命存在。20世纪60～70年代以来，借助空间科学手段进行过火星等太阳系天体的地外文明考察，尚无正面结论。2003年开始的新的一轮火星探测和2005年实现的土星卫星——土卫六的着陆实验都是新一轮实施的地外生命的搜索项目。

[三、占星术]

通过观测天象来预卜人间事务的一种方术。又称星占术。远古时期，由于知识水平和生产力都很低下，不可避免地产生对超自然力的崇拜，认为上天的意志主宰着人间的吉凶祸福，还认为"天垂象，见吉凶"，上天会显示天象，给人以吉凶的预兆。占星术正是在这样的情况下产生的。

约公元前3世纪源于美索不达米亚，在古希腊、古罗马时代非常盛行。中世纪传入中亚和印度，后流行于西方。17世纪衰落，但至今依然存在。中国至晚在西周已出现占星术，称为星占。占星术主要是用星象来占卜国家的兴亡、国君的安危、战争的胜负、收成的丰歉等社会重大事件。春秋战国时期，星占家们把地上的州、国与星空区域互相匹配对应，认为当某种特殊天象出现在某个星区时，

《中国大百科全书》普及版 · 穿越太空——带你一起追星逐日　chuanyuetaikong dainiyiqizhuixingzhuri

相应的州、国就会有异常事件发生。这就是所谓的分野，它是中国古代占星术中的一个重要内容。

约南北朝时期，自印度传入西方流传已久的占星术，与中国的"星命术"相结合，认为人的命运与人降生时的星宿位置、运行等情况有关，故以人出生的年月日时配以天干地支为八字，按天星运作推称人的命运。为唐宋时期"四柱命学"的命运占卜术的重要来源。至清代渐趋衰落。

在西方，中世纪时期有些国王把占星学家视为高参，也往往请他们根据星象占卜来确定重大政治事件的决策。但后来西方的占星术逐渐发展到对个人进行星占，如根据一个人诞生时日月五星在黄道十二宫中的位置，推算"算命天宫图"，以占卜个人一生的命运。

占星术牵强地把天象与人事联系在一起，是非科学的。但占星术对古代天文学的发展有一定促进作用。为了进行星占而引发注意观测天象，中国古代丰富的天象记载大多都是古人为了星占动机记录下来的，它们对解决当代某些重大天文课题具有学术价值。古代天文学家往往也是占星家，古代的天文学著作也往往带有占星术的成分。

[四、X行星]

设想中存在的太阳系第十大行星，又称冥外行星。1930年发现冥王星后，由于质量太小，它的摄动力不足以产生海王星轨道运动的计算值和观测值的偏差，所以认为在冥王星之外还存在一个行星。

冥王星

　　从 20 世纪 30 年代起，美国洛韦尔天文台开始旨在发现冥外行星的探寻。经过近 40 年的搜索在黄道带附近没有观测到任何亮度超过冥王星亮度 1/10 的环绕太阳运行的天体。1989 年"旅行者" 2 号行星际探测器飞掠海王星，考察并订正了它的若干基本参数。此外，到那时已积累了海王星自 1846 年发现以来绕日公转将近一整周的运行观测资料。如今，它的轨道运动的计算值和观测值的不吻合度已大为减小，假设存在一个冥外行星的必要性也已降低。21 世纪以来，利用大型光学望远镜相继在海王星轨道外侧发现了几个比冥王星卫星还大的天体，如赛德娜，以及一个比冥王星还大些的齐娜，它们的共同特征是公转轨道相当扁椭，且与黄道面倾角很大。现在多数认为它们都是柯伊伯带天体。2006 年按照新的《行星定义》，冥王星和齐娜星都属于矮行星，从此 X 行星的"X"也不再具有"第十"的寓意。

[五、月球起源]

关于月球起源新说。在20世纪70年代之前，月球的起源主要有三种理论，即"俘获说"、"同源说"和"分裂说"。

俘获说认为月球原为一个小行星，后因运行到地球附近被俘获。同源说认为地球和月球成双地同时和同地诞生于原始太阳星云。分裂说则认为月球是在太阳系形成之初，从地球中分离出去的。"阿波罗"探月计划执行后，有关月球的知识骤增，揭示出三种假说都有与月球和地月系的现实不相容之处。80年代初，关于月球起源的迷惘出现了重大突破。首先，新兴的混沌动力学指出，太阳系诞生的早期，行星的轨道仅能稳定几百万年，随即因受木星和土星的摄动而快速演变，继而出现频繁的大碰撞事件。其次，运用超大型计算机实现的三维流体力学模拟显示，曾有一个大小和火星近似的天体与形成不久的地球遭遇，发生偏心碰撞。该天体和幼年地球的一部分地幔被反弹到太空，其富铁的内核则融入地核，弹出的碎片又快速地重新聚集成为今日的月球。这一名为"大碰撞"的月球起源假说不仅兼有俘获说、同源说和分裂说的有据而有合理之处，还能很好地、更多地阐明诸如月球和地月系的轨道、角动量和运动、成分和结构等方面的特征。"大碰撞说"是当前最为流行的月球起源新说。

[六、地外文明]

地球以外的天体上可能存在的智慧生物及其文明。根据确信生命的起源和演化是宇宙中的一个普遍规律的理念，一些天文学家认为生命的出现和存在、生物的栖息和繁衍也都是普遍规律。

只要具备适合的条件和环境就会有生命诞生，只要有可以能存活生物的天体，就可能出现智慧生物和文明社会。因此，人在宇宙间不占有特殊地位。当然，人

中国载人航天工程"神舟"5号飞船

类的外形是地球的自然条件决定的，是碳化合物经过几十亿年演化的结果。在条件和地球相差很大的其他天体上，可能存在着生理结构和地球上人类相差很大但能适应那里条件的高级生物。这些地外高级生物的科学技术发展程度，可能有的还非常落后（不属于文明阶段），可能有的与人类文明接近或远比人类先进。人类文明已经发明无线电报、电视、雷达、激光通信、电子计算机、火箭和原子能，并且已经发射航天飞船。地外理智生物也可能有这些发明，甚至有更高级的发明。他们很可能已经获得和发现超出我们理解力的知识和定律。

有些研究家把文明分为三种类型：Ⅰ型文明是只能控制本星球的文明，利用本星球的矿藏能源，在本星球上种植、生产和居住，人类文明就属于Ⅰ型文明。Ⅱ型文明是能掌握整个恒星和所属行星系统的文明。以地球为例，如果人类将来能掌握整个太阳系内任何天体的物质和能源时，就进入了Ⅱ型文明时期。Ⅲ型文明是能掌握整个星系的文明。以银河系为例，它的直径为8.15万光年，拥有一两千亿颗恒星。将来人类能掌握整个银河系的文明时，就进入了很高级的Ⅲ型文明时期。Ⅱ型和Ⅲ型文明称为超级文明。科学家估计银河系内具有地外文明的天体数目可达10万个。

从20世纪下半叶起，陆续实施了一些地外文明的探索，如60年代的"奥兹马"计划、70年代的"独眼神"计划、80年代的地外文明搜寻（SETI）计划、90年代的微波观测计划、META计划和Serendip计划，采用的方法主要是用射电望远镜指向特选的恒星，搜索它们的行星上的智慧社会发射的呼唤。迄今尚未获得任何非自然信息。

第七章 星际前沿——科研眼界

[一、星际物质]

银河系（和其他星系）内恒星之间的物质，包括星际气体、星际尘埃和各种各样的星际云，还可包括星际磁场和宇宙线。

星际物质（ISM）约占银河系可见物质质量的 10％，高度集中在银道面，尤其在旋臂中。不同区域的星际物质密度可相差很大。星际气体和尘埃当聚集成质点数密度超过 $10 \sim 10^3$ 个 / 厘米 ^{3} 时，就成为星际云，云间密度则低到 0.1 个 / 厘米 ^{3} 质点。平均密度为 10^{-24} 克 / 厘米 ^{3}，相当于平均数密度为 1 个 / 厘米 ^{3} 氢原子。星际物质的温度相差也很大，从几开到千万开。不同温度和密度的星际物质大体可用三相模型来描述。其中，冷中性介质为密度 30 个 / 厘米 ^{3} 原子，温度 70 开的中性氢气体，占总体积的 3％～ 4％；温中性介质为密度 0.3 个 / 厘米 ^{3} 原子，温度 6000 开的中性氢气体，占总体积的 20％；热电离介质为密度 0.001 个 / 厘米 ^{3} 原子，温度 1 百万开的电离氢气体，占总体积的 70％。这三种成分近似处于

麒麟座玫瑰星云（选自美国基特峰天文台）

压强平衡，相互间可来回转换。

星际气体的化学组成可通过各种电磁波谱线的测量求出。结果表明，星际气体的元素的丰度与根据太阳、恒星、陨石得出的宇宙丰度相似，即氢约60％，氦约30％，其他元素很低。

星际尘埃是尺度约0.01微米到0.1微米的固态质点，分散在星际气体中，总质量约占星际物质总质量的1％。星际尘埃可能是由下列物质组成的：①水、氨、甲烷等的冰状物；②二氧化硅、硅酸镁、三氧化二铁等矿物；③石墨晶粒；④上述3种物质的混合物。

星际尘埃吸收和散射星光，使星光减弱，这种现象叫作星际消光。消光数值依赖于观测方向，朝银极方向较小，银心方向最大。星际消光随波长的减小而增长，蓝光比红光减弱得更多，使星光的颜色随之变红，这种现象叫作星际红化。射电和红外波段的星际消光同光学波段相比可忽略，因而是观测银心的最佳波段。星际尘埃还可引起星光的偏振，由这种星际偏振可测量星际磁场，其能量密度约为 2×10^5 电子伏／米^3。

星际尘埃对于星际分子的形成和存在具有重要的作用。一方面，尘埃能阻挡星光紫外辐射不使星际分子离解；另一方面，固体尘埃作为催化剂能加速星际分子的形成。

星际物质的观测可在不同的电磁波段进行，如1904年在分光双星猎户座δ的可见光谱中发现了位移不按双星轨道运动而变化的钙离子吸收线，首次证实星际离子的存在。1930年观测到远方星光颜色变红，色指数变大（即星际红化），首次证实星际尘埃的存在。1951 年通过观测银河系内中性氢 21 厘米谱线，证实星际氢原子的大量存在。1975 年利用人造卫星紫外光谱仪观测 100 多颗恒星的星际消光与波长的关系，得知 220 纳米附近的吸收峰。1977 年，观测星际 X 射线波段，发现 O VII 2.16 纳米（0.57 千电子伏）的谱线，确认存在着温度达 $10^5 \sim 10^7$ 开的高温气体。

根据现代恒星演化理论，一般认为恒星早期是由星际物质聚集而成，而恒星又以各种爆发、抛射和流失的方式把物质送回星际空间。

［二、双星系］

两个星系由于引力相互作用形成的束缚系统。星系在天空投影分布的早期研究表明，小间距对的数目显然超过随机分布的预期结果。

E.B. 霍姆伯格编制了第一个双星系表，并注意到系统成员的若干性质之间存在关联，如趋向于具有相似的哈勃型和颜色。这可能是由于形成时所处的共同环境或形成后的相互影响，两个星系之间存在演化上的联系。后来通过视向速度的

双星系 NGC4676（NASA/HST 提供）

观测证实，这些双星系绝大多数的确是引力束缚的物理对，而非偶然的投影效应所致。物理上成对星系的间距一般小于 200 千秒差距，平均为 150 千秒差距，典型的相对速度为 200 千米 / 秒，轨道周期约为 50 亿年。对一个足够大的双星系样本的动力学性质进行统计研究，可求得双星系的平均质量：

$$M_1 + M_2 = 0.29 \langle \Delta v^2 \rangle \langle a \rangle / G$$

式中 $\langle \Delta v^2 \rangle$ 为两星系视向速度之差的方均值，$\langle a \rangle$ 为平均投影间距，G 为引力常数。由于星系暗晕的质量分布延伸到很大的半径，用这种方法测定的双星系质量会大于分别对每个星系用旋转曲线或弥散速度法测得的质量和。

双星系的成员会由于引力相互作用发生形变，呈现出"桥"、"尾"等潮汐特征，甚至具有共同包层。动力学摩擦会使两个星系的距离逐渐变小，最后导致并合。这些潮汐作用和并合过程会触发恒星形成爆发或星系核活动，使得双星系的成员同孤立的星系对照，有更高的比例呈现出更蓝的颜色、更强的发射线、更高的红外光度或者更强的核活动。

[三、星系的红外辐射]

星系在 1 ～ 300 微米波段发出的电磁辐射。星系的红外辐射主要由三种成分组成。第一种来自恒星光球，峰值在 1 ～ 3 微米，主导着大多数星系的能量输出。星际气体中原子和离子精细结构跃迁产生的发射线，在某些红外波长也贡献了可测量的辐射。还可看到分子转动谱线以及振动-转动谱线。这些谱线对星系总红外光度的贡献约百分之几。第二种辐射主要是尘埃的热辐射，波长大于 3 微米。第三种来自活动星系核，辐射机制见活动星系核。

尘埃是星周物质和星际介质的重要成分。它吸收恒星或其他能源短波辐射的光子，然后在红外波段再辐射出去，其波长取决于尘埃所处的环境。温度约 1000 开的星周热尘埃，辐射峰值波长为 3 微米。温度低于 20 开的星际空间冷尘埃，

《中国大百科全书》普及版●

穿越太空——带你一起追星逐日

chuanyuetaikong daiyiqizhuixingzhuri

辐射波长大于 150 微米。这种定态辐射的尘埃颗粒较大，约 0.1 微米。还有一种星际尘埃颗粒很小，约 0.001 微米，其加热和冷却非常迅速，对星系红外辐射有显著贡献。这种非定态辐射的波长小于 30 微米。

1960 年后红外天文学诞生时即已知道，有的星系红外辐射远超过恒星光球所能产生的值，如 M82 和 NGC1068 的红外辐射就远高于其可见

极亮红外星系 Arp220 （NASA/HST 提供）

波段。1980 年红外天文卫星（IRAS）巡天发现了几千个红外亮星系。在 100 兆秒差距以内的近宇宙，极亮红外星系的空间密度比同光度的类星体还高。红外亮星系通常是尘埃丰富的旋涡星系。红外辐射占总光度的比例与其产生的环境和尘埃含量有关。仙女星系 M31 的红外辐射主要来自质量约 $10^6 M_\odot$ 的星周尘埃，占总光度的 10%。银河系的红外辐射主要来自质量约 $10^7 M_\odot$ 的分子云复合体，占总光度的 50%。极亮红外星系 Arp220 的红外辐射主要来自质量约 $10^8 M_\odot$ 的核周（距中央 1 千秒差距）尘埃，占总光度的 98%。后两种情况下，尘埃内都有大质量的年轻热星正在或新近形成。这些热星的短波辐射被尘埃吸收后在红外再辐射。这样这些星系的红外光度就代表了新形成恒星的总光度，进而可计算出过去 1 亿年内的恒星形成率。红外亮星系中相互作用系统的比例随光度增加，红外光度大于 $10^{12} L_\odot$ 的极亮红外星系中相互作用和并合系统达到 100%。这表明相互作用和并合过程中通过云–云碰撞产生激波，对于触发星暴因而增加红外光度是非常重要的。椭圆星系中观测到的红外辐射表明，其中有（$10^4 \sim 10^5$）$M_\odot$ 的尘埃，其来源可能是演化晚期恒星的抛出物，或是旋涡星系的并合。

[四、星系的射电辐射]

星系在亚毫米波到数十米波波段的电磁辐射。20世纪30年代早期，K.G.央斯基首次探测到来自银河系的射电波，其来源在银心（1933）和银道面（1935）。

20世纪50年代R.H.布朗等探测到仙女星系M31的射电辐射。1951年观测到中性氢21厘米谱线。20世纪60年代发现了类星体和星际分子。70年代随着荷兰韦斯特博克综合孔径射电望远镜（WRST）、德国埃费尔斯尔格100米望远镜和美国甚大天线阵（VLA）等设备投入运行，发现了活动星系核的射电喷流和视超光速现象。90年代亚毫米波观测发现了高红移星系。射电波段已成为研究星系形成和演化的重要窗口。

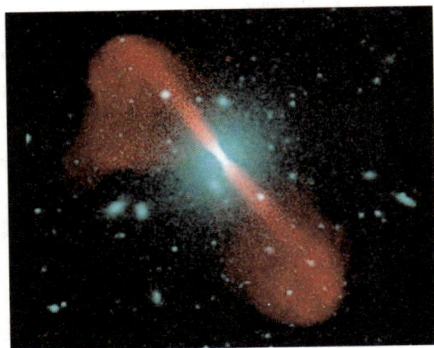

射电星系 3C296（选自美国国家射电天文台 NRAO）

正常星系的射电辐射是热辐射和非热辐射两种成分的混合。热辐射主要是恒星形成区（如旋臂上）的热轫致辐射，在厘米和分米波段的频谱为平谱 $Iv \sim v^{-0.1}$。非热辐射是相对论电子在磁场中运动（如超新星遗迹）产生的同步辐射，频谱为陡谱 $Iv \sim v^{-1}$。这两种成分可通过不同频率的观测，按其不同的谱指数予以区别。正常旋涡星系在5吉赫的辐射功率约为 10^{22} 瓦/赫。高于此水平者称为射电星系。

[五、密度波理论]

以引力作用下物质流进流出低引力势的旋臂区解释星系旋涡结构的理论。1964年由美籍华裔天体物理学家林家翘和徐霞生在荷兰天文学家 B.林德布拉德工作的基础上提出。密度波理论认为，旋涡结构并不是永远由同一批物质组成。

它实质上是物质集中处低引力势区的波动状图案。换句话说，旋臂由密度波波峰的迹线构成。波形图案并不与物质相联系，而是以不同的角速度运动。相对运动速度平均约 30 千米/秒。正是这种运动维持了旋涡星系的规整外貌，也解决了固定物质旋臂因较差自转带来的缠绕困难。

恒星进入旋臂引力势阱后，在那里停留一段时间再随轨道运动出来。星际气体在进入旋臂时受到突然压缩，可能触发恒星形成，从而成功地解释了明亮而年轻的恒星集中分布在旋臂上的现象。

用密度波解释星系的旋涡结构

[六、新星]

激变变星（CV）的一种。按光变的原因属爆发变星。激变一词源自希腊文，意谓泛滥、灾难。激变变星与激变双星是同义词，因为这类星都是双星。这类变星主要包括新星、再发新星、类新星、矮新星、磁激变变星。激变变星新星表列出 1323 颗的数据（2003）。

新星是可见光波段第一次观测到的亮度在几天内突然剧增，增亮幅度多数在 9～15 星等之间，然后在几个月到若干年期间内有起有伏地下降到爆发前状态的天体。新星光谱随光变发生阶段性的变化，并以 100～5000 千米/秒的速度抛射物质。新星的全称是经典新星。一般新星平均增亮 11 个星等，就相当于增亮几万倍。新星是已演化到老年阶段的星。这种星爆发前通常甚暗，只在爆发后一段时期内才相当明亮，有的甚至亮到影响星座的形状，所以曾被误认为

是新生的星而取名"新星"沿用至今。亮度突然增大是主星白矮星吸积物质由热核燃烧产生的一种爆发过程,能量释放平均达 $10^{38} \sim 10^{39}$ 焦/秒,抛射的物质为太阳质量的 $10^{-5} \sim 10^{-3}$ 倍,抛射速度为 500 ～ 2000 千米/秒。新星按光度下降速度分为快新星、慢新星和非常慢新星三类。

新星命名法 通常是在新星的星座名称前面加 N,在后面加爆发年份。如 NHer1934 表示 1934 年武仙座新星。随后新星又纳入变星的命名系统,如 1934 年武仙座新星即武仙座 DQ。最早作光谱研究的新星是北冕座 T(1866),但后来知道它是再发新星。用照相方法研究的第一个新星是御夫座 T(1891)。有最完整光学观测资料的新星是武仙座 DQ(1934)。20 世纪以来,银河系内出现的新星最亮的是 1918 年天鹰座新星(天鹰 V603),亮度极大时目视星等达 -1.1,一度成为仅次于天狼星的亮星。1975 年天鹅座新星是一颗很特殊的新星,亮度极大时目视星等为 1.8,接近天鹅座 α 的亮度。美国帕洛马山天文台的巡天照片上在该新星位置处没有亮于 21 的星,表明该新星增亮幅度超过 19 个星等。"银河新星参考图表"(1987)中收集了从 1670 年至 1986 年发现的 277 颗银河新星和有关恒星的资料;在 1997 年发表的激变变星表中列出新星 276 颗。由于银河系中新星太多,自古代起人类就有关于新星爆发的历史记载,中国古代有极丰富的新星观测记录。

在其他星系中也搜寻到新星。仙女星系(M31)中至今已发现有 200 多个新星。M81、M33、大麦哲伦星系(LMC)、小麦哲伦星系(SMC)等不少星系中也找到了新星。不同的星系中新星出现的频数大不相同。据估计,银河系每年 50 个,M31 每年 29 个,有些星系每两年一个。一般说来以 Sb 星系的频数为最高。

银河系新星的极大光度绝对目视星等估计平均为 -7.3。新星属于老年盘星族。在赫罗图上新星的热子星与行星状星云的中心星、共生星等占有同样的位置。它们都位于主星序的左下方,表明这些天体多半有共同的不稳定特性。

新星的光变和谱变 一般的新星都有典型的光变和谱变。典型光变曲线各阶段分别为:①爆发前——光度固定或有 1 ～ 2 星等不规则的变化;②初升——2 ～ 3

天，光度迅速上升；③极大前的停滞——几小时到几天，甚至光度有些下降；④终升——1天到几周；⑤亮度极大；⑥初降——快新星是平滑的，慢新星会有1～2星等的起伏；⑦过渡期——不同新星表现不同，有些是平滑下降，有些有起伏，有些亮度有一明显的极小然后又回升；⑧终降——比较平滑下降；⑨爆发后——与爆发前一样。不同新星的光变曲线形状不尽相同。

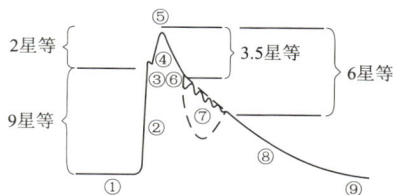

新星的典型光变曲线

所有新星都依次经历以下几个光谱阶段：爆发前谱、极大前谱、主谱、漫强谱、猎户谱、4640漫发射、星云谱、爆发后谱。新星光谱中的发射谱线都很宽，吸收线紫移很大。

爆发前谱呈高温的连续谱，不出现强的吸收线或发射线，极大前谱出现模糊

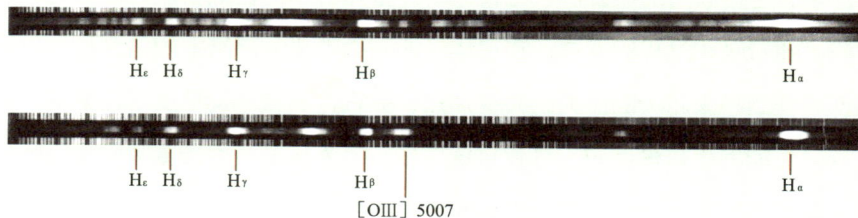

1975年天鹅星座新星光谱

的吸收线和一些弱发射线，谱线极宽。主谱在极大后立即出现，有显著的发射线。漫强谱中有 H、Ca II 等吸收线，视向速度比主谱更大。猎户谱显示出有更高的激发度，出现高电离电位的 He I、N II、O II 线，膨胀速度更大。当 N III4640 达到最强时，称4640漫发射阶段。新星在出现 [O I]、[N II]、[O III] 等禁线时，便进入星云谱阶段，这时连续谱已完全消失。星云谱阶段很长，消失后就进入爆发后谱阶段。爆发后有些新星出现类似白矮星的宽吸收线，有些新星只有连续谱，许多新星有比较窄的 H、He II、C III 等发射线。近年来，开展了射电、红外、紫外、X 射线波段和偏振等观测，为新星的研究提供了重要的信息。有些新星在短于

200 纳米紫外区也已探测到辐射。通过对巨蛇座 FH（1970）的红外观测，得到随着可见光光度下降，某些红外波段光度反而上升，能谱的峰值逐渐向红外方向移动的结果。在爆发后的 104 天，红外星等达到 -4.0，成为全天最亮的红外星。近年来在厘米与毫米波段都接收到一些新星的射电辐射。在已找到有光学对映体的十多个 X 射线双星中，有两个被认为是老新星。直接照相显示出某些新星爆发后确有膨胀着的壳层存在，并且有赤道带和极冠的结构。几十年来，已给出一系列兼为密近双星的新星求出了轨道周期。

新星爆发原因 20 世纪 50 年代以前多主张单星模型。1954 年发现新星武仙座 DQ 有交食周期，而周期很短（4 小时 39 分），推测新星大多甚至全部是密近双星。现在认为新星的一个子星是冷的红星，而另一个子星是热的、体积小得多的简并矮星。演化过程中，当冷星充满了临界等势面便发生质量交流，气流通过内拉格朗日点流向热星。这样便围绕热星形成一个吸积盘，其中小的热星可认为是白矮星，它是新星的爆发源。比较大的冷星抛射出的富氢物质，部分为白矮星所吸积。随着吸积过程的发展，在白矮星的表面形成一层富氢的气壳层，气壳层的底部将受到越来越大的压力，并被加热，一直达到氢燃烧反应所需的点火温度，这时可能发生热核反应，导致星体爆发。另外，单个白矮星吸积星际物质而后发生新星现象的可能性，在理论上也是成立的。

再发新星 爆发变星的一种。一般认为，再发新星和新星没有严格的区别，只是有的新星在第一次爆发之后，经过数年或数十年又发生多次的爆发，所以就称这种新星为再发新星。按一般分类法划分的再发新星已发现 12 颗。再发新星在银河系中的分布与新星相似，有向银心方向会聚的趋向，同属于盘星族。爆发时的可见光波段变幅在 7～9 个星等，一般都比新星的变幅（大于 9 个星等）小，但爆发之前的光度通常比新星强，其绝对目视星等为 2～3 等，而新星大致为 4～5 等。再发新星每次爆发抛向星际空间的物质约为太阳质量的 10^{-6} 倍，比新星的质量损失小。再发新星的爆发活动也和新星一样，发生在一个热简并矮星的深层大气内，通过吸积过程在其周围形成一个富氢气壳，由吸积能和收缩能的累积使气

壳中的温度逐渐升高，最后达到点燃热核反应所需的温度，在很短的时间内发生剧烈的核聚变，以热核逃逸的方式释放出 $10^{36} \sim 10^{38}$ 焦的能量，因而光度剧增。然后，外层气壳被抛向星际空间，内层大气收缩，光度逐渐降低，使整个新星重又处于相对稳定的状态。通过监视观测可知，老新星和再发新星当光度降到极小时，也并不宁静，像北冕座 T、蛇夫座 RS 等，都有较小规模的爆发活动。

对一批再发新星的测光、光谱和轨道数据的分析表明，它们都可能各包含一颗巨星。光度极小时，再发新星的目视光度主要由其中的巨星决定，而新星的目视光度主要由其中的吸积盘决定，矮新星则由其中的热斑决定。光度极小时，再发新星的绝对目视星等为最亮，新星次之，矮新星最暗。据初步研究，质量转移率也可能以再发新星为最大，新星次之，矮新星最小。这些情况似乎能反映出再发新星和新星之间存在的较大区别。

矮新星　爆发规模较小、频次较高的爆发变星。许多方面同新星和再发新星类似。矮新星准周期地爆发，光度陡然增亮，又慢慢变暗。不过光度变幅一般不超过 6 个星等。爆发平均周期 10 ~ 200 天不等。有两类矮新星：一类称双子座 U 型星或天鹅座 SS 型星，现已发现 250 个以上；另一类称为鹿豹座 Z 型星，已发现 30 个以上，它们的变幅比双子座 U 型星小，平均 2 ~ 3 个星等，周期更短（10 ~ 20 天）。许多矮新星也是双星，是由一颗黄矮星或红矮星和一颗白矮星或蓝亚矮星组成的密近双星系统，轨道周期约几小时。冷星充满临界等位面，通过内拉格朗日点将物质抛向热矮星，形成吸积盘和热斑。对双子座 U 的观测表明，爆发时随着亮度的增加，由食引起的变光深度越来越浅，食的开始时间越来越早，持续时间越来越长。光度极小时（正常阶段），矮新星光谱是连续谱加上强而宽的 H、He 和 Ca Ⅱ 的发射带，并有氢的连续发射。光度极大时，强发射带消失，基本上是早型（B、A 型）的纯连续谱，色温度比光度极小时明显增高。根据综合光谱和光度资料，可认为矮新星爆发的主要原因是冷星的变热，而冷星体积的变大和热星吸积盘的变亮则是次要原因。至于冷星表面温度突然增高，很可能是因为它的物质抛射率突然增加，外层大气很快脱离冷星而露出了温度较高的内层所造成

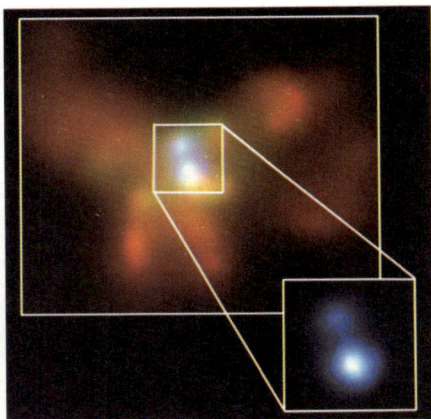

星系 X 射线辐射

的。特短周期矮新星的引力波问题是一个较新的研究课题。

再发新星、类新星和矮新星的光度、光谱变化与新星有某些类似。值得注意的是，从 1975 年起发现一类称为 X 射线新星的天体，它们的 X 射线光变曲线与经典新星光学波段的光变曲线类似。这类天体有时又称作暂现 X 射线源，但它们的光学对映体并不是新星。此外，又发现某些老新星是 X 射线双星的光学对映体。

[七、星族]

银河系（以及河外星系）内大量天体的某种集合。这些天体在年龄、化学组成、空间分布和运动特性等方面十分接近。银河系所有天体分为晕星族（极端星族Ⅱ）、中介星族Ⅱ、盘星族、中介星族Ⅰ（较老星族）、旋臂星族（极端星族Ⅰ）5 个星族。

晕星族分布如一个球状的晕，由银河系中最老的天体所组成，包括球状星团、亚矮星和周期长于 0.4 天的天琴座 RR 型变星。中介星族Ⅱ的主要代表是高速星以及长周期变星。盘星族包括核球内的恒星、行星状星云和新星，周期短于 0.4 天的天琴座 RR 型变星以及"弱线星"（光谱中出现较弱的金属线）。中介星族Ⅰ包括强金属线星和 A 型星。极端星族Ⅰ集中分布在银道面附近（银面聚度最大），主要为旋臂中的年轻恒星，如 O 型星、B 型星、超巨星，经典造父变星一些银河星团和星际物质等。

各星族的年龄相差很大。晕星族最老（其中球状星团年龄在 100 亿年以上）；

从中介星族 Ⅱ、盘星族和中介星族 Ⅰ 到最年轻的旋臂星族，年龄依次递减。后者的年龄大多为几亿年，甚至有 3 千万至 5 千万年或者更短的。

各个星族在化学组成上也有差别。一般较老的星族所含的重元素（天文学中重于氦的元素统称金属）百分比，要比年轻星族的低，又称贫金属。这种差别可用恒星演化过程加以解释。恒星进入晚年期后向外抛射物质，使恒星内部核过程所形成的重元素渗入星际物质中去，以后由这种"加浓"物质形成的恒星，重元素含量就会相应增高。因此，越是年轻的恒星，包含的重元素就越多，即越富金属。

星族 Ⅰ 和星族 Ⅱ 的概念是 1944 年 W.巴德提出的，他认为银河系以及其他旋涡星系的恒星可分成两大类，称为"星族 Ⅰ"和"星族 Ⅱ"。两个星族的差别，明显反映在赫罗图的形状以及最亮恒星的颜色和光度上。对于星族 Ⅰ，最亮的恒星是早型白色超巨星；对于星族 Ⅱ，最亮的恒星是 K 型红橙色超巨星。此外，星族 Ⅰ 和星族 Ⅱ 在空间分布和运动特性方面也有不同：星族 Ⅰ 的恒星集中于星系外围旋臂区域内，银面聚度大；星族 Ⅱ 的恒星则主要集中在星系核心部分，银面聚度小。后来研究表明，把所有的恒星划分为两个星族过于简单。1957 年，在梵蒂冈举行的星族讨论会上，将银河系里的恒星划分为 5 个星族。这种划分方法现已为各国天文学家普遍接受。此外，推测存在比星族 Ⅱ 更年老的星族 Ⅲ，它们可能是大爆炸后不久形成的第一代恒星，几乎完全由氢和氦组成，质量特别巨大，在度过短暂的一生后通过超新星爆发将内部核反应生成的重元素散布到后来形成星系的物质中去。大量的研究表明，星族概念在研究银河系的起源和演化问题上起着重要

旋涡星系

的作用。它已成为星系天文学和天体演化学的重要内容。

［八、星际分子］

自然存在于星际空间的气体尘埃云内的分子。第一批星际分子是 1930 年发现的 CH 和 CN。星际分子谱线通常产生于转动能级之间的跃迁，波长处于毫米波或亚毫米波段，主要通过这些射电波段特定波长的发射线和吸收线探测，已经发现和证认的这类分子达 120 种以上。已知的星际分子包括氨 (NH_3) 和水 (H_2O)，简单的有机分子如乙醇 (CH_3CH_2OH)、甲醛 (H_2CO) 和醋酸 (CH_3COOH)，各种地球上不稳定的离子和基团如羟基 (OH)、一氧化硫 (SO) 和 HCO^+。也发现了许多同位素分子如重水 (HDO)。新近还发现了构成生命基础的复杂分子 NH_2CH_2COOH。已经证认的最大星际分子是由 13 个原子组成的 $HC_{11}N$。已探测到尚未证认出来的谱线可能来自更复杂的分子。星际分子通过在射电波段发出辐射而降低气体云的温度。这种能量损失允许某些最致密的云区坍缩为恒星。分子也形成于老年恒星周围的气体尘埃包层，称为星周分子，以别于由一般星际物质形成的星际分子。

第八章 麻辣串识——天文小知识

[一、银河系]

地球和太阳所在的巨大恒星系统。拥有约 2000 亿颗恒星，因其投影在天球上的乳白亮带——银河而得名。

银河系为本星系群中除仙女星系外最大的星系，它的总目视光度约为太阳的 150 亿倍。按形态分类，银河系是一个 Sb 或 Sc 型旋涡星系，中心区有一可能的棒状结构（半径约 2400 秒差距，质量约为太阳的 100 亿倍），记为 S（B）bc 型。它的第一个主要成分为一旋转的薄盘，称为银盘，直径约为 40 千秒差距，厚约为 300 秒差距，质量约为太阳的 600 亿倍，由较年轻的恒星（星族Ⅰ）、银河星团、气体和尘埃组成。高光度星和银河星云组成旋涡结构（旋臂）叠加在银盘上。在盘内特别是巨分子云中不断进行着活跃的恒星形成过程。第二个主要成分是一较暗的直径约 30 千秒差距的球形晕称为银晕，质量为银盘的 15 % ～ 30 %，由较年老的恒星（星族Ⅱ）组成，其中有百分之几处于球状星团中，还有少量热气体。

银晕中央融入一显著的旋转椭球形成分（2.2 千秒差距 ×2.9 千秒差距）称为银河系核球，亦由星族 Ⅱ 的恒星组成。银河系的动力学中心称为银心，可能含有一个质量为太阳质量约 300 万倍的黑洞。第三个主要成分是一由暗物质构成的晕，称为暗晕，半径超过 100 千秒差距。银河系可见物质的质量为太阳质量的 1400 亿倍，其中恒星约占 90%，气体和尘埃组成的星际物质约占 10%。而暗物质的质量至少为太阳质量的 4000 亿倍。银河系整体作较差自转。太阳在银道面以北约 8 秒差距处，距银心约 8.5 千秒差距（IAU，1985），以 220 千米 / 秒速度绕银心运转，2.4 亿年转一周。

研究简史 18 世纪中叶，人们已意识到除行星、月球等太阳系天体外，满天星斗都是远方的"太阳"。T. 赖特、I. 康德和 J.H. 朗伯最先认为，很可能是全部恒星集合成了一个空间上有限的巨大系统。第一个通过观测研究恒星系统本原的是 F.W. 赫歇耳。他用自己磨制的反射望远镜，计数了若干天区内的恒星。1785 年，他根据恒星计数的统计研究，绘制了一幅扁而平、轮廓参差不齐、太阳居其中心的银河系结构图。F.W. 赫歇耳死后，其子 J.F. 赫歇耳继承父业，将恒星计数工作范围扩展到南半天。1837 年，W. 斯特鲁维测定织女一的三角视差，开始测定恒星的距离，为银河系距离尺度的研究奠定了基础。1887 年，O. 斯特鲁维首次测定银河系自转，开始了银河系整体运动的研究。1906 年，J.C. 卡普坦为了重新研

银河

究恒星世界的结构，提出了"选择星区"计划，后人称为"卡普坦选区"。他于1922年得出与F.W.赫歇耳的类似的模型，也是一个扁平系统，太阳居中，中心的恒星密集，边缘稀疏。H.沙普利在完全不同的基础上，探讨银河系的大小和形状。他利用1908～1912年H.S.勒维特发现的麦哲伦云中造父变星的周光关系，测定了当时已发现有造父变星的球状星团的距离。假设没有明显星际消光的前提下，于1918年建立了银河系透镜形模型，太阳不在中心。1927年，J.H.奥尔特证实银河系的自转。1930年，R.J.特朗普勒证实存在星际物质。1944年，W.巴德提出星族概念，探讨银河系恒星在物理学和运动学上的总体性质，这对后来银河系形成和演化的研究有重要意义。20世纪50年代，由于射电天文观测手段的应用，证实了银河系旋臂的存在，发现了银河系中心区的复杂结构与爆发现象。60年代，首次探测到银心的红外辐射。80年代，高速晕族恒星的发现以及附近矮星系的运动提示银河系存在暗物质晕。90年代，射电天文学家和红外天文学家合作发现了银心存在大质量黑洞的证据。

组成　银河系可见物质约90％集中在恒星内。在赫罗图上，按照光谱型和光度两个参量，除主序星外还有超巨星、巨星、亚巨星、亚矮星和白矮星五个分支。1944年，巴德通过仙女星系的观测，判明恒星可划分为星族Ⅰ和星族Ⅱ两种不同的星族。星族Ⅰ是年轻而富金属的天体，分布在旋臂上，与星际物质成协。星族Ⅱ是年老而贫金属的天体，没有向银道面集聚的趋向。1957年，根据金属含量、年龄、空间分布和运动特征，进而将两个星族细分为极端星族Ⅰ（旋臂星族）、较老星族Ⅰ、盘星族、中介星族Ⅱ和极端星族Ⅱ（晕星族）。

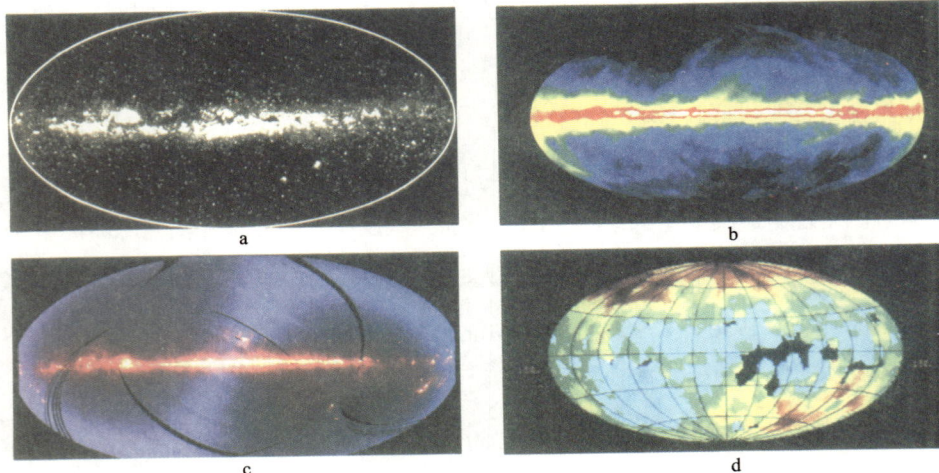

银河系四个波段的图像
a.可见光图像　b.射电图像　c.红外图像　d.X射线图像

　　恒星成双、成群和成团是普遍现象。太阳附近 25 秒差距以内，以单星形式存在的恒星不到总数之半。迄今已观测到球状星团约 160 个，银河星团 1200 多个，还有为数不少的星协。据统计推论，应当有 300 个球状星团和 18000 个银河星团。

　　20 世纪初，E.E.巴纳德用照相观测，发现了大量的亮星云和暗星云。1904年，恒星光谱中电离钙谱线的发现，揭示出星际物质的存在。随后的分光和偏振研究，证认出星云中的气体和尘埃成分。近年来，通过红外波段的探测发现，在暗星云密集区有正在形成的恒星。射电天文学诞生后，利用中性氢 21 厘米谱线勾画出银河系旋涡结构，估计出中性氢的质量约为太阳的 40 亿倍。根据电离氢区（总质量为太阳的 8400 万倍）描绘，发现太阳附近有 3 条旋臂：人马臂、猎户臂和英仙臂。太阳位于猎户臂的内侧。此外，在银心方向还发现了一条 3 千秒差距臂。旋臂间的距离约 1.6 千秒差距。1963 年，用射电天文方法观测到星际分子 OH，这是从 1937 ～ 1941 年，在光学波段证认出星际分子 CH、CN 和 CH^+ 以来的重大突破。到 2000 年底，发现和证认的星际分子已超过 120 种。这些分子（主要为 H_2 和 CO）包含在散布于银盘内的数千个巨分子云中（总质量为太阳的 3 亿倍）。上图为用不同手段得到的银河系图像。

起源和演化　银河系的起源这一重大课题现今还了解得很差。这不仅要研究一般星系的起源和演化，还必须研究宇宙学。按大爆炸宇宙学模型，观测到的全部星系都是 140 亿年前高温高密态原始物质因密度发生起伏，出现引力不稳定和不断膨胀冷却，逐步形成原星系，并演化为包括银河系在内的星系团的。

　　1962 年，O.J. 艾根、D. 林登贝尔和 A.R. 桑德奇提出，银河系起源于一个巨大的球形气体云，称原银河星云。化学成分与大爆炸后的原始宇宙相同，即氢约占 75％，氦约占 25％。在时标约 2 亿年的迅速坍缩过程中，最早诞生的是晕族恒星，因为形成恒星的气体没有金属，所以这些晕星是贫金属的。又因为气体向中心坍缩，所以承袭其速度的晕星绕中心作偏心率较大的椭圆运动，而来不及形成恒星的大部分原始气体在坍缩过程中互相碰撞，轨道变圆并沉降到银盘上，由于混入了大质量晕星演化后抛出的重元素，使得随后形成盘族的恒星金属丰度较高。近年还从恒星的形成和反馈、银核的活动及周围矮星系物质的吸积等角度，更细致地探讨银河系的动力学和化学演化。20 世纪 60 年代由林家翘和徐霞生等发展起来的密度波理论，很好地说明了银河系旋涡结构的整体结构及其长期的维持机制。

［二、北极星］

　　即小熊座 α。中国星名是勾陈一或北辰。北极星距离地球 431 光年，自行为每年 $0''.046$。它是如今一段时期内距北天极最近的亮星，距极点不足 1°（1992 年，坐标为 $\alpha=02^h23^m3$，$\delta=89°14'$）。因此，对于地球上的观测者来说，它好像不参与周日运动，总是位于北天极处，因而被称为北极星。正是这个特点使它成为全天重要的恒星之一。

　　北极星是由三颗星组成的三合星。主星 A 为离地球最近的造父变星，光电目视星等 V 的变幅为 0.09 个星等（+1.95 ～ +2.04），周期为 3.97 日，是光谱分类为 F8Ib 的黄超巨星。主星 A 又是轨道周期约 30 年的单谱分光双星。伴星 B 目视

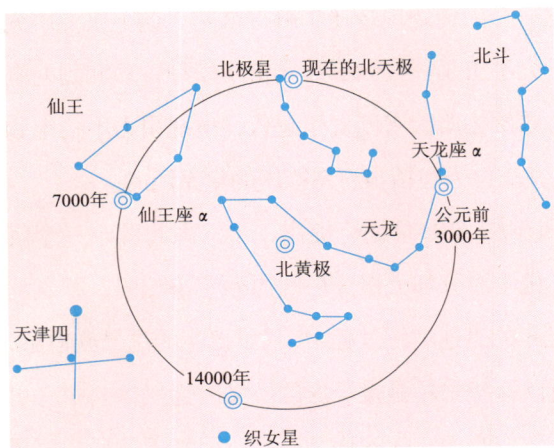

26000 年内天球北极在恒星间的移动

星等 +8.6，距离主星 18″。

由于岁差，天极以约 26000 年的周期围绕黄极运动。在这期间，一些离北天极较近的亮星顺次被授以北极星的称号。公元前 2750 年前后，天龙座 α（中名右枢）曾是北极星。小熊座 α 成为北极星只是近 1000 年来的事。1000 年时，它距北天极达 6°。1940 年以来，小熊座 α 距北天极已不足 1°，而且正以每年约 15″ 的速度向北天极靠拢。大约在 2100 年前后，二者的角距离将缩到最小，只有 28′ 左右。此后，小熊座 α 将逐渐远离北天极。4000 年时，仙王座 γ 将成为北极星，7000 年、10000 年、14000 年时的北极星将依次为仙王座 α（中名天钩五）、天鹅座 α（中名天津四）、天琴座 α（中名织女星）。

[三、双星]

在空间中视位置比较靠近的两颗星。由于彼此引力作用而围绕共同质心互相环绕的两颗星，称为物理双星。看似彼此很靠近，实际上在空间相距很远，并无物理联系的两颗星，称为光学双星。下文叙述仅指物理双星。组成双星的两颗星均称为双星的子星。天狼、南门二、五车二、南河三、角宿一、心宿二、北河二、北斗一和参宿三等著名亮星都是双星。

双星的分类　双星分类一般依据三条原则：①发现和观测双星的方法；②双星现在的物理状态或子星间物质交换的情况；③考虑恒星演化的状况。

根据子星在赫罗图上的位置。主要分为七大类：①目视双星。指通过望远镜，人眼可直接分辨开子星的双星，已发现的目视双星将近8万对。C.E.沃利等（1983）给出了850颗目视双星的轨道根数星表。天狼星是著名的目视双星，两子星的质量分别为太阳质量的2.28和0.98倍，它的伴星为白矮星。②分光双星。指由谱线位移的规律性而判知的双星。测得两颗子星谱线的称为双谱分光双星（或双线分光双星），只测到一颗子星谱线的称为单谱分光双星（或单线分光双星），已发现的分光双星约5000对。1989年加拿大自治领天体物理台发表的《分光双星系统轨道根数第八表》列出了1470对分光双星的数据，是重要的参考资料。③食双星。指子星彼此掩食造成亮度规则变化的双星，又称食变星。它们常载入变星表，已知有4000多对，按照光变曲线的形状，主要分为三大类：英仙β型（大陵五）、天琴β型和大熊W型。现在还没有综合性强的星表，D.特雷尔等（1992）列出了323颗食双星的数据。④天体测量双星。一般指通过天体测量方法发现其自行行迹为曲线并可用存在某伴星来解释其行迹而发现的双星。⑤光谱双星。指由连续光谱能量分布而判知的双星，这种双星往往是轨道面与视向接近垂直，而且两子星的光谱型相差悬殊。⑥掩食双星。指由掩星（如月掩星）观测分析而略知的双星。⑦椭球双星（或椭球变星）。指由两颗椭球状子星组成，其合成亮度

双星

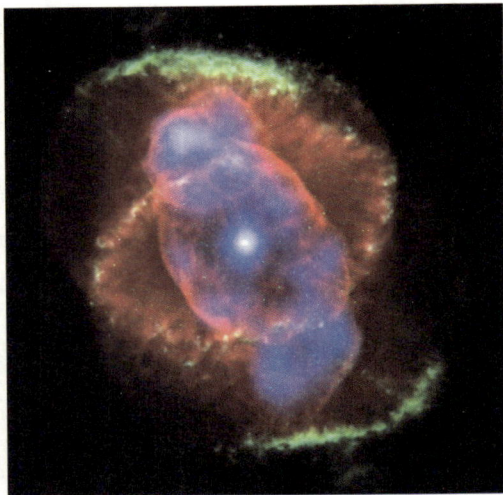

猫眼星云

仙女星云

随位相（轨道上的相对地位）按一定规律变化而被发现的双星，但并不是食双星。椭球双星与食双星可合称测光双星。把分光双星和测光双星合起来称为密近双星。另外，还有按照观测波段或所包含的特殊对象而得名的双星，如射电双星、X射线双星（或简称X线双星）、爆发双星（包含爆发变星）、脉冲双星等。

双星是恒星世界的普遍现象，是规模最小的恒星集团。此外，还有两颗以上恒星组成的聚星，如三颗星组成的三合星、四颗星组成的四合星等。太阳周围几十光年内，60%～70%恒星是双星或聚星的成员。随着观测方法和仪器的发展或改进，以前认为是单星而后来确证为双星的数目在增加。因此，太阳附近空间的恒星是双星或聚星的子星的并不限于上述百分数。在许多星协、星团、星云和一些河外星系中也发现有双星。

著名的双星和聚星有以下几种：

①英仙β（βPer）。中名大陵五，是最早发现的食双星。它的光变周期等于2.867天，总亮度$2.20m$，最暗时亮度下降到$3.40m$。英仙β的主星是B8型主序星，质量为$3.7M_\odot$，半径$2.9R_\odot$；伴星是K2型星，质量为$0.8M_\odot$，但半径比主星稍大，等于$3.5R_\odot$，已充满洛希瓣，所以英仙β是半接双星。两子星的轨道的偏心

率 *e*=0.015，很接近圆形。1906 年 A.A. 贝洛波尔斯基发现这个双星系统的质量中心在移动，表明还有第三颗星存在，所以英仙 β 实际上是三合星。以英仙 β 为典型的双星称作大陵型双星，又称大陵型食变星，符号为 EA。1975 年探测到英仙 β 的 X 射线辐射，功率为 10^{24} 瓦；1992 年又探测到英仙 β 的一个 X 射线大耀斑，光度达 $2. \times 10^{25}$ 瓦。

②天琴 β（βLyr）。中名渐台二，1784 年 J. 古德利克发现其光变，是第二个被发现的食双星。周期为 12.91 天，每年增加 19 秒，两子星相距较近，都歧变成扁球形，光变曲线的主极小和次极小的深度分别为 $0.8m$ 和 $0.4m$。天琴 β 离太阳约 500 秒差距，属半接双星。主星是 B6II 型，质量为 $2M_\odot$，充满洛希瓣；次星 B0V 型，质量 $12M_\odot$，正在增加质量，次星周围有一个吸积盘，由主星流向次星的物质形成的。天琴 β 型食变星的符号为 EB。

③大熊 W（WUMa）。离太阳 67 秒差距，周期为 0.3336 天，目视星等变化范围 $7.75m \sim 8.48m$，两颗子星的光谱型分别为 F8 和 F7，大熊 W 是相接双星，两子星相距很近，都充满或几乎充满洛希瓣。主星质量 $1.30M_\odot$，次星质量 $0.65M_\odot$。该双星被一个公共的对流包层包裹着。大熊 W 型食双星的符号为 EW，此星已发现 500 多对。在太阳附近这类双星很多。

④御夫 ζ（ζAur）。为数不多的食双星，主星是有延伸大气的 G～M 型超巨星，次星是半径小得多的 B 型星。当 B 型星被掩食时，观测者看到在 B 型星光谱上重叠了 Ca Ⅱ 的 K 线等色球吸收线。御夫 ζ 中名柱二，是这类双星的代表，无交食时星等为 m_p=5.0，主极小时为 5.6。较亮并且研究过的有天鹅 31、天鹅 32 和御夫 ε 和仙王 VV。

⑤大熊 ζ（ζUma）和双子 α（αGem）。大熊 ζ 中文名开阳，其近旁有一颗 4 等星，名叫大熊 80，中名辅，与大熊 ζ 相距 11′。大熊 ζ 是最先被发现的目视双星，两子星又都是分光双星，现又证明大熊 80 也是分光双星。因此，该恒星系共包括 6 颗星，为六合星。双子 α 也是由三对双星组成的六合星。

⑥猎户 θ（θOri）聚星系统。位于猎户星云里面，用小望远镜看它是四合星，

4 颗星组成了四边形，常被称为猎户四边形。

研究双星的意义　研究双星特别重要的原因是：①除太阳外，恒星之中唯有对某些双星观测，才能够从轨道运动直接和可靠地定出恒星质量，而恒星的质量是决定恒星一生和演化的第一位的要素。不少单星的质量估值，要用双星质量去对比检验。②许多天文过程和现象仅发生在双星系统中，特别是恒星一生中某些时间相互作用的状态，双星可以说是引力"实验室"。如天鹰座射电脉冲星PSR1 913+16（轨道周期既短，偏心率又大，而且包含有致密星的双星）就为研究相对论和引力波提供了宝贵的资料。③当恒星是双星的部分时，可能轨道稳定且可围绕恒星居住行星。双星还提供了认识恒星之间各种相互作用的条件，如引力相互作用、辐射相互作用、物质相互作用等。双星对于研究某些恒星内部的密度分布、大气结构、爆发等问题也提供了非常有利的条件，亦为研究许多恒星的演化和寻找黑洞提供宝贵的样品。此外，认真研究双星、聚星和行星系的区别与联系，必然会大大促进它们的起源和演化等问题的解决。自从 X 射线双星、射电双星、脉冲星双星发现以来，双星天文学内容更加丰富，研究更加活跃。

［四、暗星云］

银河系中不发光的弥漫物质所形成的云雾状天体。如果气体尘埃星云附近没有恒星，则星云将是暗的，即为暗星云。

它们的形状和大小是多种多样的。小的只有太阳质量的百分之几到千分之几，是出现在一些亮星云背景上的球状体；大的有几十到几百个太阳的质量，有的甚至更大。它们内部的物质密度也相差悬殊。赫歇耳父子于1784 年首次注意到明亮的银河中有一些黑斑和暗条。后来的照相研究表明，这种现象是由于一些位于恒星前面的不发光的弥漫物质造成的。这种暗区在银河系中很多，最明显的是天鹅座的暗区，银河被分割成为向南延伸的两个分支。有些暗星云和亮星云在一起，

《中国大百科全书》普及版◎
穿越太空——带你一起追星逐日
chuanyuetaikong dainiyiqizhuixingzhuri

如位于猎户ζ南面的有名的
马头星云，它是一个很大的
暗星云的一部分，"马头"
四周的光芒是从亮星云发出
的。蛇夫座S状暗星云和
烟斗星云也是不透明的暗星
云。但在云层较薄时，仍可
看到一些光度被大大减弱了
的恒星，所以在这个天区所
看到的星体，就比没有暗星
云的天区稀疏得多。

暗星云

　　在不少亮弥漫星云背景
上发现了一些圆形的暗斑。
这些暗斑是物质密度较高的
天体，它们是很小的暗星云，
由于呈球形，称为球状体。
1947年荷兰天文学家B.J.博
克最先讨论了这些"小暗星

马头星云

云"。他在太阳系外大约1600光年范围内发现了200个左右这样的暗天体，最
好的样本在金牛座和蛇夫座。这样的暗天体在光学上显得极厚，消光能力可达30
星等。这些小暗星云标志着新生恒星的诞生地。后来天文学界接受了这些天体代
表恒星演化过程中一个特殊阶段的观点。球状体的直径小于1秒差距（1秒差距
等于3.2616光年），质量估计为（$10^{-1} \sim 10^2$）$M_\odot$。许多球状体的中央包含红外源，
很可能是正在收缩并将形成恒星的天体。

　　暗星云本身不发光，利用光学方法进行研究就受到很大限制。射电天文方法
为暗星云的研究提供了有力的工具，这主要是由于暗星云有各种射电辐射。尤其

是它们发射的中性氢 21 厘米谱线，使人们能够更深入地研究大量处于低温状态的暗星云的大小、结构和组成，从而为研究银河系结构和运动提供重要的资料。紫外线和 X 射线由于不能穿入，暗星云中央得不到加热，典型暗星云中的温度很低，为 5 ～ 10 开。此外，暗星云所在天区发现许多有机分子，因此有些暗星云又称星际分子云。通过毫米波观测，发现在一氧化碳暗星云中存在一些温度较高（15 ～ 50 开）的"热点"，这些热点还有较强的红外辐射。通过红外观测还发现一些包围在暗星云中的能量集中在 2 ～ 20 微米波段的红外源，其中一些较亮的红外源还和暗星云中的微波源有关。观测还发现，一些年轻的天体如赫比格发射星（年龄 10^5 ～ 10^6 年）、赫比格-阿罗天体等直接与暗星云有密切的关系。这些暗星云的直径约为 10 秒差距，平均原子数密度约为 5×10^3 个 / 厘米 ^{3}，平均温度约为 10 开。演化过程中由于某种辐射（如毫米波）损失使内能减少，导致内压力小于本身重力而发生坍缩。坍缩过程中某些团块在重力作用下形成一系列密集点，这些可能就是形成恒星或星群的原始胚胎。根据恒星诞生率和银河系中暗星云的总质量对比来看，只有很少一部分物质（1‰ ~1%）形成恒星。

[五、地磁场]

从地核至地球磁层边界的空间范围内的磁场。地磁场是地磁学的主要研究对象。人类对于地磁场存在的认识，来源于天然磁石和磁针的指极性。

磁针的指极性是由于地球的北磁极（磁性为 S 极）吸引着磁针的 N 极，地球的南磁极（磁性为 N 极）吸引着磁针的 S 极。这个解释最初是英国 W. 吉伯于 1600 年提出的。吉伯制作了一个大的球形磁石，在它的表面附近放置一些小磁棒，他发现这些磁棒的取向就像地球表面的磁针一样。由此，他认为地球是一个巨大的磁石，并以此来解释地磁场的存在。实际上，地球并不是一块大磁石。但吉伯的推断所表明的地磁场来源于地球本体的假定却是正确的，这已为 1839 年德国数学家 C.F. 高斯首次用球谐函数分析所证实。

性质。地磁场是一个矢量场。描述空间某一点地磁场的强度和方向，需要 3 个独立的地磁要素。例如，在球坐标系下通常用地磁场总强度 F、磁偏角 D 和磁倾角 I 来表示地磁

地磁场

场。因指南针、磁罗盘是测定磁偏角最简单的装置，所以磁偏角的发现和测定也最早。特别是由于航海的需要，早期海上磁偏角的测定更为系统。1702 年英国 E. 哈雷发表了第一幅大西洋磁偏角等值线图，1768 年 J.C. 维尔克又绘制了世界磁倾角等值线图。但直到 1832 年高斯提出地磁场强度的测量方法后，才开始有完备的地磁场测定。

近地空间的地磁场，像一个均匀磁化球体或磁棒的磁场，其强度在地面两极附近还不到 1 高斯，所以地磁场是非常弱的磁场。地磁场强度的单位过去通常采用伽马（γ），即 10^{-5} 高斯（Gs）。1960 年决定采用特[斯拉]（T）作为国际测磁单位，1 高斯 $= 10^{-4}$ 特（T），1 伽马 $= 10^{-9}$ 特 =1 纳特（nT）。地磁场虽然很弱，但却延伸到很大的空间。它犹如一个幔帐，保护着地球上的生物和人类，使之免受宇宙辐射的侵害。地磁场是地球环境的主要因素之一。

地磁场包括基本磁场和变化磁场两部分，它们在成因上完全不同。地球基本磁场是地磁场的主要部分，起源于地球内部，并且变化非常缓慢。这种缓慢的地磁场变化称为地磁场长期变化。地球变化磁场是地磁场的各种短期变化，主要起源于地球外部，并且很微弱。

关于地磁场的起源推测，至今仍未获得圆满解决。